农业科学数据
加工整编技术

胡　林　周国民　等◎著

本书得到下列项目资助：
面向融合科学场景的应用示范（2021YFF0704204）

科　学　出　版　社
北　京

内 容 简 介

　　高质量的科学数据加工和整编，是科学数据出版的重要基础，也是数据能够转化为数据资产，成为数字经济要素的必要途径。本书以农业科学数据可重复生产和可重复应用为目标，系统地介绍了在数据全生命周期及科学数据管理分析应用中，元数据、实体数据加工所涉及的农业科学数据整编加工的理论、技术体系和常用方法，包括元数据规范标准设计、数据资源编码、数据产品分类、数据安全等级划分标准制定、数据关联融合和数据集成等。

　　本书内容广泛且实用，可供科研工作者作为案头的必备参考用书，对于提高科研工作质量、提高工作效率、适应数据驱动的研究范式，有着很好的助力。本书也可以作为数据科学工作者和高等院校相关专业师生学习参考用书。

图书在版编目（CIP）数据

农业科学数据加工整编技术／胡林等著 . —北京：科学出版社，2023.3
ISBN 978-7-03-075185-0

Ⅰ. ①农⋯　Ⅱ. ①胡⋯　Ⅲ. ①农业科学–数据管理–研究　Ⅳ. ①S-39

中国国家版本馆 CIP 数据核字（2023）第 046699 号

责任编辑：林　剑／责任校对：樊雅琼
责任印制：吴兆东／封面设计：无极书装

科 学 出 版 社 出版
北京东黄城根北街 16 号
邮政编码：100717
http://www.sciencep.com

北京科印技术咨询服务有限公司数码印刷分部印刷
科学出版社发行　各地新华书店经销

*

2023 年 3 月第　一　版　开本：720×1000　1/16
2024 年 10 月第二次印刷　印张：12 1/4
字数：250 000

定价：129.00 元
（如有印装质量问题，我社负责调换）

本书撰写组

主　笔：胡　林

副主笔：周国民

成　员（按姓名拼音排序）：

曹姗姗　樊景超　高　飞

刘婷婷　满　芮　孙　伟

王晓丽

前　言

　　数据是数字经济时代最重要的要素，科学数据资源是数字经济重要的战略资源，数据加工整编是构建数据资源至关重要的途径。国家农业科学数据中心专注于农业科学数据的治理和共享，为提高农业科学数据共享和应用的质量，进行了大量的农业科学数据加工整编实践，在数据加工整编方面积累了丰富的经验，系统化地提出了农业科学数据加工整编的理论、技术体系和方法。

　　本书作者都是一线数据汇交加工和共享服务的科研工作者，长期从事数据加工和共享业务，在科学数据元数据、实体数据加工、数据集成、数据融合等各个方面积累了丰富的经验。国家农业科学数据中心组织编写了《农业科学数据加工整编技术》一书，系统介绍了相关概念、技术体系和方法，是国内少有的一本专门著作。

　　本书共7章，涵盖了数据加工整编的各个方面。以数据可重复生产和可重复利用为目标，组织编写的内容涉及数据资源唯一标识编码、数据产品分类、数据安全等级划定、数据关联方法、数据探索等系列技术与方法，有助于读者快速了解并掌握数据加工整编技术，提高广大读者数据管理的技能，提升广大科研工作者的科研能力和水平。

　　国家农业科学数据中心王晓丽、刘婷婷、满芮、樊景超、曹姗姗、孙伟、博士后高飞等参与了本书的编写工作，胡林负责策划并组织编写，周国民审阅了全书并提出宝贵意见，写作过程中还得到了中心丘耘研究员、程序设计师李娟、数据管理员王晓晓、数据可视化工程师张云会等的大力支持，他们为本书提供了大量的数据材料。博士后闫燊、硕士研究生陈俊菡和张翔鹤等为本书的写作做了大量工作。

　　本书内容广泛，适合广大科研工作者阅读，可作为作者案头的必备工具书，也可作为数据工作者的重要参考书，在校学生掌握本书的内容，有助于提升自身的数据素养，对写作高水平科研论文具有十分重要的裨益。同时受作者等人的能力所限，本书难免存在不足之处，敬请广大读者批评指正。

胡　林

2022 年 12 月 9 日

目 录

1 数据加工基础

农业科学数据资源的建设为农业科技创新提供了有力支撑，农业科学数据是国家农业发展的基础性战略资源，决定了一个国家农业发展的水平和高度。数据的质量是影响科学数据重用的关键性因素之一，而农业科学数据由于其内容的广阔性、结构的复杂性，往往要经过数据加工后才能使用。

1.1 农业科学数据

1.1.1 农业科学数据概念

农业科学数据是农业领域的科学数据，可将其定义为：从事农业科技活动产生的原始性、基础性数据以及按照不同需求系统加工后的数据集合等相关信息，既包括农业及相关部门大规模观测、探测、调查及实验所获得长期积累和整编的海量科学数据，也包括广大农业科技工作者长年累月的研究工作所产生的大量科学数据（胡林，2021）。

农业科学数据既服务于农业科研活动，也可以用于支持农业生产、政府决策、生产经营等。农业科学数据具有学科领域广泛、实验周期长、数据类型复杂多样等特点，随着农业科研的持续深化与拓展以及新兴学科和交叉学科的不断涌现，农业科学数据量呈指数发展态势的增长。农业科学数据源自各大学科领域，不仅包括农业，还包括林业、环境、工业制造等。不同的类别与结构使元数据标准不同，在海量的数据集基础之上增添了农业科学数据的异构性特征。

农业科学数据是农业科学研究的基石。从20世纪60年代中期以来，世界农业产量增长80%以上。其中，玉米、水稻、小麦的产量几乎翻了一番，有效地提高了生产率，加强了粮食安全，减轻了贫困状况，对于整个经济、社会、政治、文化进步起到了基础支撑作用。全球和中国的农业发展经验表明，农业科技进步对于农业的发展起到了重要的推动作用。目前发达国家的农业科技进步贡献率一般达到 70% 以上。中国的农业科技进步贡献率也由 20 世纪 80 年代初期的 23% 上升到 21 世纪初期的 46% 左右，至 2020 年已超过了 60%。农业科学数据的大量积累与广泛应用是农业科技进步与培育重大农业科技成果的前提。以往科研工作者要花大量时间去从事科学数据搜集工作，现在处于万物互联时代，数据检索工作变得快捷、方便，从而使科研工作者有更多的时间去从事创造性工作，发挥农业科学数据的作用。

农业科学数据是农业农村经济发展的宝贵资源。随着农业现代化发展进程的推进，数据资源作为对其他物质资源和能量资源进行有效管理的工具，具有重要的意义。农业科学数据作为具有显著的科技推动力、投资引向价值、应用增值潜力和决策支撑作用的一种极富价值的数据资源，具有特殊的内涵和特殊的配置形式，是合理开发农业资源的重要科学依据，在促进农村经济发展，促进人类社会进步等方面发挥着日益重要的作用。

1.1.2　农业科学数据的特征

1.1.2.1　农业科学数据维度

按照《科学数据管理办法》，可将数据资源划分为科学研究活动数据、基础研究数据、应用研究数据、试验活动数据 4 类。将这 4 类数据参照国家统计局和杨立新（2016）等对原生数据和衍生数据的定义，从数据类型出发，对数据来源、数据载体进行对比分析（表 1-1）。数据来源机构主要是科研院所、高等院校、图书情报机构、政府管理部门及企业。数据载体主要有数据集、科技论文和专著、发明专利、新产品、新工艺、项目、报告、政策、规划、战略、获奖成果等（柴苗岭等，2020）。

1.1.2.2　农业科学数据尺度

农业科学数据学科领域广泛，具有多时间、空间尺度的特点。尺度是指研究某一物体或现象时所采用的空间或时间单位，又指某一现象或过程在空间和时间上所涉及的范围和发生的频率，还可指人们观察事物对象、模式或过程时所采用的窗口。简单地说，尺度就是客体在其"容器"中规模相对大小的描述（李志

表 1-1　农业科学数据资源类型特征

数据类型	定义	农业科学数据资源产生/保存机构	成果载体
科学研究活动数据	包括原生数据和衍生数据。其中，原生数据指不依赖现有数据而产生的数据，包括观测监测、考察调查、检验检测数据；衍生数据指原生数据被记录、存储后，经过算法加工、计算、聚合而成的系统的、可读取的、有使用价值的数据，可以产生知识产权的数据	科研机构、高等院校、实验室、观测站等	数据集、数据库、期刊、专著、专利、报告等
研究数据	为了获得关于现象和可观察事实的基本原理的新知识（揭示客观事物的本质、运动规律，获得新发现、新学说）而进行的实验性或理论性研究，它不以任何专门或特定的应用或使用为目的	科研机构、高等院校、实验室、观测站、图书情报机构	数据集、数据库、地图、期刊、专著、会议、报告、专利、项目等
应用数据	为获得新知识而进行的创造性研究，主要针对某一特定的目的或目标	农业管理机构、农业图书情报机构	期刊、专著、专利、项目、获奖成果、计划、规划、战略等
试验数据	利用从基础研究、应用研究和实际经验获得的现有知识，为产生新的产品、材料和装置，建立新的工艺、系统和服务，以及已产生的、建立的上述各项作实质性的改进而进行的系统性工作	农业管理机构、科研机构、高等院校、企业	数据集、数据库、专利、期刊、会议、报告、项目等

资料来源：柴苗岭等，2020

林，2005；邬建国，2000；QI and WU，1996；苏理宏等，2004；刘贤赵，2004）。空间尺度和时间尺度常以粒度（grain/granularity）和幅度（extent）来表达。空间粒度指最小的可辨识单元所代表的特征长度、面积或体积（如采样样方、像元）；时间粒度指某事件、现象或过程发生（或取样）的频率或时间间隔；幅度指研究对象的空间范围或持续的时间（邬建国，2000；刘贤赵，2004）。研究区域的面积决定空间幅度，研究项目持续的时间决定时间幅度（孙庆先等，2007）。农业科学数据基于不同的研究需求采用不同时间、空间的尺度。例如，农作物育种数据根据研究目的不同，空间尺度有分子到细胞、组织、器官、个体、群体等；时间尺度上可以按生长周期划分时间尺度，或按年月划分时间尺度。农业生态数据针对研究区域，如全球、全国、全市的改变，往往采用不同的空间尺度。

1.1.2.3 农业科学数据格式

所有的数字化数据都以一个特定的文件格式存在，该文件格式可以对信息进行编码，以便软件程序读取并编译这些数据。数据格式及产生研究数据的软件的选择，通常依赖于研究人员如何收集和分析数据，以及使用的硬件或软件可获得性。这些格式和软件的选择也取决于学科专有的标准和习惯。例如，图像、音频和视频数据格式取决于所使用相机或录音设备的类型。采集的数据只可能会被降级处理或压缩尺寸，但无法对已经采集的数据进行升级。因此，在数据采集规划时就应该考虑好数据的用途，选择获取哪种格式最合适。例如，数值型数据通常存储在数据表格或数据库中，可在这种数据库中安装变量或可度量的指标来标记数据记录或案例的位置。社会科学调查的标准文档格式往往是 SPSS（Statistical Package for Social Science），因为 SPSS 具有统计分析功能。在生态研究中，CSV或 Excel 则被更广泛地使用，成为许多分析程序包的标准输入格式。而质性研究数据，如访谈等，最开始会用 WAV 或 MP3 格式以音频录音的形式收集，然后转录成文本，再将文本导入到计算机辅助定性数据分析软件的数据库中，经常使用NVivo 等软件来进行分析。

文件格式可以是专有的，也可以是开放的。专有格式通常与特定的软件程序联系在一起，一般由商业公司开发，拥有独立的知识产权，需要得到授权或许可才能使用它们。开放文件格式的示例有 PDF/A、CSV、TIFF、开放文件格式（ODF）、ASCII 码、TAB 制表符分隔的表格和 XML。文件格式可以是有损的或无损的。有损的格式通过清除那些判定为不重要的详细信息文件来节省空间。例如，有损的 JEPG 格式文件会清除图片的详细信息，对比起来，无损的 TIFF 格式文件就会保留所有的详细信息。当然，在一个无损格式的文件中进行重复的编辑和保存操作会导致大量的信息丢失。在科学研究中，研究人员会结合研究计划来进行数据格式和软件的选择。

从柴苗岭等（2020）的调研情况来看，农业科学数据形式以文本、数值、图像、视频、语音为主，常见的数据和数据集格式参见表 1-2 列举的数据形式和格式。

表1-2　重要的农业科学数据资源组织方法、学科范围、数据形式及格式

资源名称	机构类型	学科范围	数据载体	数据形式	数据格式
国家（中国）农业科学数据中心	科研机构	作物科学、动物科学与动物医学、热作科学、渔业科学、草地与草业科学、农业资源与环境科学、植物保护科学、农业微生物科学、食品营养与加工科学、农业工程、农业经济科学、农业科技基础	数据集、数据库	文本、数值、图像、视频、语音等	CSV、XLSX、XLS、ZIP 等
中国科学院科学数据云（科学数据中心）	科研机构	农业、土壤、水利、水土保持	数据集、数据库	数值、文本、图像、视频等	TIFF、XML、JPG、RPB、TXT、DOCX 等
美国农业数据共享（USDA Ag Data Commons）	政府机构	农业经济学、生物能源、动物与牲畜、食物与营养、基因组学与遗传学、农业生态系统与环境、植物与农作物、农产品	数据集、数据库	文本、图像、数值等	HTML、CSV、PDF、XLW、TXT、BIN、TAR、ZIP、DOCX、PNG、GZ、JPG、PPTX、API、GEOTIFF、XML、ACCDB、ASCII、TGZ 等
加拿大农业图书馆	图书情报机构	农业与食品科学：农业经济学、农学、作物科学、畜牧学、植物病理学、植物学、真菌学、食品科学技术、农业病虫害、昆虫学、乳业科学、土壤科学、兽医学	书籍、政府文件、会议记录、地图、期刊论文、杂志文章、网络资源、同行评审、报纸、微缩胶卷、音视频记录等	文本、音频、图像等	

资源名称	机构类型	学科范围	数据载体	数据形式	数据格式
英国政府开放数据（Find Open Data）	政府机构	农业主题设置在环境主题下，主要包括的学科有化学品、气候变化和能源、商业捕鱼、渔业和船舶、能源基础设施、环境许可证、粮食和农业、海洋、污染和环境质量、河流维护、洪水和海岸侵蚀、农业和农村、废物和再循环、水工业、野生动物、动物、生物多样性和生态系统	数据集、数据库	文本、数值、图像、视频、语音等	CSV、GEOJSON、HTML、KML、XML、WFS、WMS、ZIP等
新西兰政府开放数据网站：农林渔	政府机构	农业、林业、渔业	数据集、数据库	文本、数值、图像、视频、语音等	HTML、TIFF、CSV、KML、PDF、DWG、SHP、FileGDB、GPKG、MapInfo File等
Gramene 比较植物基因组资源	科研机构	该项目具有用于植物、真菌、无脊椎动物、后生动物、细菌和原生生物基因组的特定 Web 门户。旨在提高分类学参考点，给出可以理解基因的进化背景，以及涵盖所有主要的非脊椎动物实验生物体、农业重要物种、病原体和载体	物种全基因组、野生水稻的部分基因组序列、基因的遗传和物理图谱、表达序列标签位点和数量性状位点、表型特征和编译的描述等	数值、图像	BED、CSV、TSV、GTF、GFF、GFF3、FASTA、RTF等
世界土壤信息中心	科研机构	土壤及相关的气候、地质、地貌、植被、土地利用和土地适宜性等地理信息	文献、国家报告、书籍和地图	文本、图像	PDF、XML等

续表

资源名称	机构类型	学科范围	数据载体	数据形式	数据格式
联合国粮食及农业组织	政府机构	涵盖农业、林业、渔业、食品等领域的相关分类,包含 37 000 多个概念和 750 000 多个术语,覆盖 38 个语种	提供粮食及农业领域的参考书、期刊、专著、图书、数据和灰色文献(即未发表的科学和技术报告、论文、学位论文和会议论文)	文本、图像、数值	XML、TXT、PDF、ZIP、CSV 等

完成数据分析工作后,准备将数据进行长期保存的时候,就需要考虑格式转换工作。建议使用标准的、可互相兼容的或开放的、无损的数据格式。因此,研究人员在存储数据以确保长期访问时,应充分考虑硬件和软件的存储设施,选择恰当的数据格式。例如,文本文件应选择 ODF 格式而不是 Word 格式,表格文件应选择 ASCII 格式而不是 Excel 格式,视频文件应选择 MPEG-4 格式而不是 Quicktime 格式,图片文件应选择 TIFF 或 JPEG2000 格式而不是 GIF 或 JPG 格式,网页应选择 XML 或 PDF 格式而不是 RDBMS 格式。总之规范并支持格式转换或互操作的数据格式应具备以下特点:①非私有的;②开放的文档标准;③被科研群体普遍使用的数据格式;④计算机可读的标准化格式,如 ASCII、Unicode;⑤非加密的;⑥非压缩的(胡卉和吴鸣,2016)。

数据中心和数据档案馆通常会使用开放的、标准的格式来长期保存数据。表 1-3 为英国数据档案馆 2021 年推荐的可以长期保存的文档格式,该表包含有关英国数据服务为共享、重用和保存数据而推荐和接受的文件格式的指南。

国家农业科学数据中心保存有海量的数据集,数据种类涵盖文本、数值、栅格、音频、视频、矢量、空间数据库、遥感影像、三维建模和 Matlab 等。其中,数值型和文本型数据占比最高,其次是图像型和音视频型数据。数据格式繁多,高达 27 种,包含了 XLSX、CSV、TXT、DOC、FQ、ASD、ASC、JPG、BMP、RAW、PNG、PDF、CAS、DAT、SHP、DWG、SQL、PG、MTS、AVI、MP4、

XML、LMG、GDB、MAT、MAX、BAM。

表 1-3　UK Data Archive 推荐的文档格式示例

资料类型	推荐格式	可接受的格式
具有大量元数据的表格数据（变量标签，代码标签和定义的缺失值）	SPSS 可移植格式（.por） 分隔的文本和命令（"设置"）文件（SPSS, Stata, SAS 等） 元数据信息的结构化文本或标记文件，例如 DDIXML 文件	统计软件包的专有格式：SPSS（.sav）、Stata（.dta）、MSAccess（.mdb/.accdb）
具有最少元数据的表格数据（列标题，变量名）	逗号分隔值（.csv） 制表符分隔的文件（.tab） 用 SQL 数据定义语句分隔的文本	带分隔符的文本（.txt），其中的字符不用作分隔符 广泛使用的格式：MSExcel（.xls/.xlsx）、MSAccess（.mdb/.accdb）、dBase（.dbf）、OpenDocument 电子表格（.ods）
地理空间数据（矢量和栅格数据）	ESRIShapefile（.shp、.shx、.dbf，.prj、.sbx、.sbn 可选） 地理参考 TIFF（.tif、.tfw） CAD 数据（.dwg） 表格 GIS 属性数据 地理标记语言（.gml）	ESRI 地理数据库格式（.mdb） 矢量数据的 MapInfo 交换格式（.mif） 锁孔标记语言（.kml） AdobeIllustrator（.ai），CAD 数据（.dxf 或 .svg） GIS 和 CAD 软件包的二进制格式
文字数据	富文本格式（.rtf） 纯文本，ASCII（.txt） 根据适当的文档类型定义（DTD）或架构的可扩展标记语言（.xml）文本	超文本标记语言（.html） 广泛使用的格式：MSWord（.doc/.docx） 一些特定于软件的格式：NUD * IST、NVivo 和 ATLAS.ti
影像数据	TIFF6.0 未压缩（.tif）	JPEG（.jpeg、.jpg、.jp2）（如果原始格式是这种格式）、GIF（.gif）、TIFF 其他版本（.tif，.tiff） RAW 图像格式（.raw）、Photoshop 文件（.psd） BMP（.bmp）、PNG（.png）、Adobe 可移植文档格式（PDF/A、PDF）（.pdf）

资料类型	推荐格式	可接受的格式
音频数据	免费无损音频编解码器（FLAC）（.flac）	MPEG-1 音频第 3 层（.mp3）（如果原始格式是这种格式）、音频交换文件格式（.aif）、波形音频格式（.wav）
视频数据	MPEG-4（.mp4） OGG 视频（.ogv、.ogg） 动态 JPEG2000（.mj2）	AVCHD 视频（.avchd）
文档和脚本	富文本格式（.rtf） PDF/UA，PDF/A 或 PDF（.pdf） XHTML 或 HTML（.xhtml、.htm） OpenDocument 文字（.odt）	纯文本（.txt） 广泛使用的格式：MSWord（.doc/.docx）、MSExcel（.xls/.xlsx） 根据适当的 DTD 或模式（例如 XHMTL1.0）的 XML 标记文本（.xml）

1.2 国内外数据加工研究进展

数据加工是一个广泛的概念，所有对不同形态、类型和载体的数据的处理过程都可以称之为数据加工（阎卫和吴霞暖，2020）。数据加工目标是提高数据质量，增强数据的可用性。农业科学原始数据的多样性决定了数据来源的复杂性，农业科学数据质量问题产生有多种原因：①在数据集的建设过程中人为的疏漏或机器的故障，会导致部分存在空值或异常值，如数值超出研究区范围或正常值；②不同数据集中的空间位置信息、时间范围信息、度量信息等量纲不统一，难以进行数据关联融合；③元数据信息缺失，如对数据集的描述过于简单，令非专业领域的用户难以理解数据集包含的内容。因此，农业科学原始数据往往不能直接使用，还需对元数据和实体数据进行加工，提高数据质量。

1.2.1 数据质量控制

数据质量是数据应用的基础。2002 年美国政府颁布《数据质量法案》，以立法形式保障数据质量；2016 年发布的 FAIR 原则（FAIR data principles）是国际公认的科学数据管理基本准则，要求数据满足可发现、可访问、可互操作和可重用 4 个原则，并对唯一永久标识符、描述元数据、词汇表、通信协议、使用许可等进行了细化要求。2018 年 3 月国务院办公厅印发的《科学数据管理办法》从科学数据管理生命周期的数据采集、汇交、保存及数据共享与利用等方面对科学数据的责任主体提出了具体管理措施，确保科学数据质量。

20 世纪末，麻省理工学院数据质量研究项目得出了"将数据作为产品进行管理"的研究结论，随后引入普通产品的全面质量管理思想，形成了全面数据质量管理（total data quality management）的思想（WANG，1998）。数据质量提高与普通产品质量提高的思路一致，主要从两个角度来考虑（韩京宇等，2008a）：一个是从预防角度出发，即在数据全生命周期的各阶段防止脏数据产生；另一个是事后诊断（数据清洗），不仅仅针对设计和生产阶段引入的脏数据，由于数据的演化或集成，也会有脏数据不断涌现，可采取特定的算法检测和消除出现的脏数据（DASU and JOHNSON，2003）。

1.2.2　数据清洗技术

对数据清洗技术的研究开始于 1959 年，美国对社会保险号错误数据进行纠正，作为数据清洗的核心，使用计算机自动进行数据匹配的研究始于 20 世纪 50 年代末到 60 年代初，NEWCOMBE 等人第一次提出并定义了实体识别，将数据匹配问题认为是贝叶斯推断的问题，10 年后，FELLEGI 和 SUNTER 提出数学模型使这个想法成形；在后来的研究中，为了降低将每一条记录与数据库中其他所有记录一一对比带来的时间成本，研究者引入了数据库中的排序算法，试图使可能相似的记录聚集在一起，在聚集区内进行运算，提高运算效率（盛丹丹，2016）。这种方法称之为分块，如基本邻近排序算法——SNM，以及改进的多趟邻近排序算法——MPN，这类算法大大减少了匹配次数。张建忠等（2010）对基本邻近排序算法（SNM）进行了分析，指出了其不足，通过深入研究，提出了一种基于该算法的优化算法。为了优化模型算法，陈爽等（2013）对基本邻近排序算法采用变步长伸缩窗口并动态地对字段赋予权重。针对传统异常数据清洗方法异常数据清洗需要先验统计知识以及计算量大的问题，匡俊搴等（2022）提出了一种基于神经网络的迭代阈值收缩算法，在选择适当的阈值参数后，算法收敛速度更快，数据清洗的精度更高。

1.3　数据加工

数据加工包含了针对元数据的加工和针对数据实体的加工。元数据加工往往包含对元数据的描述信息、数据分类、数据融合、实体数据格式等信息的加工。数据中蕴含着大量有价值的知识资源，数据加工也是一种知识发现的过程，把杂乱无章的数据通过加工、抽象，最终生成有用的知识。

1.3.1　数据加工概念

数据加工指的是利用科学研究环境中的数据处理软硬件资源，根据用户需求，对相关数据进行加工，并将得到的数据产品提供给用户的服务过程。数据加工服务，可以减少用户在本地数据处理软硬件资源上的时间和资金投入，使用户更专注于科学研究问题本身。

数据加工过程中，应采用相关的国家标准、国际标准、学科领域标准或其应用方案，完成加工工作的组织管理、数据规范的制定和数据加工流程的规划，并严格贯彻实施，保质保量完成数据加工任务。科学数据加工的要求涉及多个方面，如规范人员操作、设备要求和数据加工流程，是科学数据资源高质量建设的有效保障。

1.3.2　元数据

元数据英文名称为"metadata"，定义为"关于数据的数据"，或是描述和限定其他数据的数据。元数据作为描述信息资源的特征和属性的结构化数据，具有定位、发现、证明、评估、选择信息资源等功能。作为一个专用术语，元数据现已广泛应用于各个领域。科学数据作为一种特殊的信息资源，一方面包括通过科技活动或其他方式所获取到的原始基本数据，另一方面是根据不同科技活动需要加工整理的各类数据集。用于描述此类信息资源的元数据被称为科学数据元数据。科学数据元数据对科学数据形式和内部特征进行详细的描述，为科学数据共享提供信息，其主要目标是提供科学数据资源的全面指南，以便用户对数据资源进行准确、高效与充分的开发和利用。

1.3.3　数据–知识网络

知识的定义有如下几种具有代表性的定义：①WOOLF——知识是用于解决问题的结构化信息。②TURBAN——知识是用于解决问题或者决策的经过整理的易于理解和结构化的信息。③WIIG——知识包含真理和信念、观点和概念、判断和展望、方法和诀窍。④VAN DER SPEK 和 SPIJKERVET——知识是被认为能够指导思考、行为和交流的正确和真实的见解、经验和过程的总集合（李光达和常春，2009）。知识组织是对知识及知识间的关联进行揭示与组织，研究包括知识获取、知识处理、知识表示和知识共享等在内的一系列知识组织的过程（马文峰和杜小勇，2007）。知识的无序状态造成低利用率，因此对知识资源进行有效控制与序化以促进知识传播利用一直被认为是知识组织的基本目标（李旭晖等，2018）。

数据中蕴含着丰富的知识资源，利用数据的目的不是为了获取更多的数据，而是从中提取出知识，并对知识进行组织融合，从而形成可以解决具体领域问题的知识集成。

知识集成的重点在于发现知识之间的关联，首先是知识的内部关联，包括了数字资源的学科属性、实例关联、语义关联等；其次是知识的外部关联，包括了引文关联、主题关联、作者关联等。这些内部和外部关联形成了知识集成的基础，根据这些关联，可以将相关的知识形成知识本体，继而形成更为优势的数字资源整合配置策略（黄维宁，2020）。

知识网络集聚是指知识元素相互联结、彼此作用所形成的网络结构特征，包括局部凝聚性和全局凝聚性两个维度，反映了组织对所处行业知识的掌握程度和洞察力（WANG and YANG，2019）。其中，局部凝聚性是组织知识元素与网络内其他知识元素的直接联系程度，体现组织以往知识整合经验及知识元素专业化程度（WANG and YANG，2019；XU et al.，2019；李健和余悦，2018）。局部凝聚性越大，表明组织具有强大而持久的学习方向和技术轨迹，是组织核心技术能力竞争力的体现。全局凝聚性是指组织知识元素在整体网络中联系的紧密程度，反映了组织整合异质性技术的综合能力（李健和余悦，2018；GULER and NERKAR，2012）。

1.3.4　数据加工业务流程

数据加工业务流程一般包含三个部分：第一部分数据资源采集，以需求为导向，对数据资源采集进行策划，并对数据资源特性进行评估，规范数据元数据标准。第二部分数据清洗，包含数据过滤、转换和加载等过程，同时进行加工流程监控，确保数据质量。第三部分数据存储发布，完成数据质量审核的数据可作为标准数据集发布，为数据分析和挖掘提供支撑。

目前，国家农业科学数据中心开发了农业科学数据加工系统，对科技计划项目科学数据汇交审核系统、长期性数据汇交系统、总中心门户、分中心门户、实验站门户等其他系统收集的数据资源根据统一的格式进行加工处理，满足数据共享的规范及要求。农业科学数据加工系统连通各农业科学数据汇交系统完成数据资源采集，过程如下：国家农业科学数据中心协助各数据集提交方设计数据汇交方案，并审核提交的数据集，确保数据不存在质量问题，包括文件能否正确读取、数据内容是否有重大缺失等；最终数据集通过汇交系统审核，传到加工系统进行数据清洗。数据集清洗过程如下：对数据集进行学科分类，规范元数据的描述信息，如数据采集的时空环境、数据使用协议等；对实体数据进行过滤，确保数据的准确性与精度；清洗完成后由审核人进行质量确认。通过质量确认的数据集可在加工系统中进行数据分析和挖掘，同时在国家农业科学数据中心门户网站发布。

2 | 元数据加工

农业科学数据元数据是实现数据有效发现、管理、共享、交换和整合的主要手段之一，元数据的使用能够在一定程度上消除数据资源之间的语义独立性和异构性，帮助实现数据资源的整合和交换。农业科学数据在全生命周期的流转过程中，由于各阶段的利益相关者对元数据认知的局限性，导致元数据的质量不高，从而降低了数据的可用性和被利用率。因此，元数据的加工成为农业科学数据开放共享前的一种必须过程。

2.1 元数据标准

我国是一个农业大国，拥有十分复杂的农业科学数据资源，具有农业科学分布广泛、数据时空跨度大、学科交叉等特点。在农业领域，需要通过元数据对农业科学数据实体进行描述和标识，能够帮助用户发现和获取相关数据资源。元数据是用于表述数据的数据，以实现农业科学数据的开放、共享、有效管理为目标，通过标准的元数据对实体资源进行描述，最终实现合理、高效的利用，可以实现开发、共享以及人机交互等深层次的交流。

2.1.1 国际主要科学数据元数据标准

目前，国际上科学数据元数据标准已经从标准制定阶段发展到实际应用阶段，我国元数据标准的研究起步较晚，但也已初具规模，国内相对成熟的元数据标准已展开相关应用。20 世纪 90 年代以来，影响力较大的通用科学元数据标准有都柏林核心（Dublin Core）、DateCite 和 Dataverse 元数据标准等。

（1）都柏林核心元数据标准

1995 年，都柏林核心元数据标准由 OCLC 公司和美国超级计算应用中心（NCSA）联合在第一届元数据研讨会上公布。而后经过 5 次修正和补充，逐渐完善，形成包含 15 个核心元素的元数据标准。目前 Dublin Core 已被多个机构作为正式标准发布（ISO 15836、NISOZ 3985、RFC 5013），我国与其对应的标准为《信息与文献　都柏林核心元数据元素集》（GB/T 25100—2010）。该标准是目前描述网络信息资源时最为通用的元数据标准，许多其他的元数据标准都是在参考都柏林核心元数据标准的基础上建立起来的，其中包括科学数据元数据。

（2）DataCite 元数据标准

DataCite 国际联盟（the DataCite Consortium）制定了 DataCite 元数据标准，该联盟的主要目标是支持科学数据存储并将科学数据的地位提升至合法的、可被引用的科学记录，使科学数据更易在网上获取。其创建的 DataCite 元数据标准包含一系列核心元数据元素，通过为数据集提供永久性唯一标识符（DOI）以及准确、一致性的描述，辅助科学数据的检索、共享、重用、应用和关联。

（3）Dataverse 元数据标准

Dataverse 是哈佛—麻省理工数据中心（Harvard MIT Data Center，HMDC）于 2007 年开发的一个科学数据管理系统，能够对科学数据进行发布、引用、存储、发现和在线分析。Dataverse 的元数据标准是以 DDI（Data Document Initiative）元数据标准为基础扩展而成，根据不同的类型分为不同的区块，包括引用通用元数据区块和学科专有元数据区块。其中，引用通用元数据区块包含引用数据集所需的相关信息，是平台所有数据集的必备元数据区块，适用于描述所有类型和所有学科的数据集；学科专有元数据区块则提供针对某一学科数据的元数据元素，覆盖生命科学、人文与社会科学、地理空间、天文与天体物理和政治学等多个领域。

在科学数据元数据标准发展过程中，更多的学科领域数据平台参与到标准的制作当中，这些平台有大量的学科专业数据，所以制定的元数据标准更专注于特定的学科领域。学科领域科学元数据标准有 ISO 19115、Dryad 元数据标准、空间地理元数据内容标准（Content Standard for Digital Geospatial Metadata，CSDGM）、FGDC 元数据标准、生物多样性领域的 Darwin Core 元数据标准、气象学领域元数据标准（Climate Forecast，CF）、社会学科领域元数据标准（Data Documentation Initiative，DDI）等。

2.1.2　国内科学数据元数据标准建设

近年来，我国科学数据元数据发展迅速，自 2002 年科学技术部主导实施国家科学数据共享工程启动，2005 年，发布《国家科学数据共享工程核心元数据内容》和《科学数据共享元数据标准（试行稿)》。《科学数据共享元数据标准（试行稿)》提供了科学数据共享元数据内容标准框架，定义科学数据共享核心元数据、公共元数据和参考元数据。中国科学院也先后发布《中国科学院科学数据库核心元数据标准》《人地系统主题数据库元数据标准》《土壤科学数据库元数据标准》等一系列学科数据库元数据标准。2011 年，"国家科技基础条件平台建设基础科学数据共享网项目"发布《数据集核心元数据标准》。

目前，我国主要有三项有关科学数据元数据的国家标准：《生态科学数据元数据》（GB/T 20533—2006）、《地理信息元数据》（GB/T 19710—2005）和《机械 科学数据 第 3 部分：元数据》（GB/T 26499.3—2011）。另外，部分行业的元数据标准也陆续推出。在农业领域，主要有中国农业科学院提出建立的农业科技信息核心元数据标准框架和农业资源空间信息元数据标准。国家农业科学数据中心成立以来，制定了农业科学数据核心元数据标准，适用于农业科学数据共享、编目、元数据交换和网络查询服务。

我国农业领域关于元数据标准的工作需全方位深入展开。以 2017 年启动的国家农业基础性长期科技工作为例，农业观测数据所涉及的范围既广泛又复杂，包括气象类、生物类、环境类等，而且生态环境具有多变性、生物种类具有多样性，很多观测数据尤其是野外台站数据的产生具有不可重复性，这一切都使得农业观测的数量庞大，种类多样，内容繁杂并且具有衍生性、交叉性。如何保障这些数据采集质量并采用合适的方式存储，建立农业观测数据的元数据标准就势在必行。

2.1.3　元数据建设主要问题

科学数据元数据使用户可根据需要正确选择、使用、交换数据，同时也方便了数据管理机构管理海量数据，实现数据库的集成，对数据集进行管理维护和数据目录服务。另外，通过元数据，数据生产者对数据进行生产、加工、更新、归档等工作变得更容易，体现为数据集建立后，随着数据生产人员的变化及时间的流逝，后期接替人员虽对先前数据了解较少，但仍可依据元数据组织数据的生产、更新、加工与增值等项工作。

与国外相比，我国科学数据元数据起步较晚，但发展迅速。自 2002 年在科学技术部主导下启动实施科学数据共享工程以来，广泛开展我国科学数据元数据研究，各个学科领域的元数据标准相继建立。其中在农业领域，主要是中国农业科学院农业信息研究所、中国农业科学院农业资源与农业区划研究所等研究单位先后提出了包括农业科技信息核心元数据标准框架和农业资源空间信息元数据的行业规范与标准等。随着农业科学数据共享平台的搭建，为了整合我国农业领域科学数据资源，提高数据库建库质量，提升农业科学数据加工的规范化、标准化，制定了农业科学数据元数据标准和核心元数据标准，主要应用于国家农业科学数据中心，适用于农业科学数据共享、编目、元数据交换和网络查询服务。农业科学数据元数据标准中包含元数据实体信息和数据集引用信息两类元数据格式，元数据实体信息中规定了必选模块为数据集标识信息、内容信息、分发信息、限制信息和维护信息，将数据质量信息定义为可选信息。农业科学数据共享核心元数据是唯一标识一个数据集所需的最少元数据内容。核心元数据为用户提供数据的最基本信息，包括数据内容、数据分类、数据存储与访问信息、数据提供单位信息，以及数据更新等信息，便于用户查询检索。核心元数据内容由全集元数据内容中的必选项构成。

我国目前农业科学数据元数据还存在诸多问题。

（1）元数据标准体系不健全

目前，农业领域只是在通用层面上建立了科学数据元数据标准，尽管包括了全集元数据和核心元数据，但对于该领域专用元数据标准与规范的建设还相对欠缺。农业科学是一个庞杂的学科群，涵盖了生物、环境、经济等学科领域，农业领域科学数据数量庞大、种类繁多、内容复杂且具有交叉性，如有关农业生物多样性、农业生态环境、农业土壤肥料等研究领域的科学数据与其他学科的研究存在着明显的交叉重叠。因此，农业领域要充分实现与其他领域的数据交换与数据共享，需要不断完善元数据标准体系，特别是农业领域专用元数据标准与规范的建立十分重要。

（2）元数据内容不够全面

农业领域的科学数据具有连续性、时间性、空间性、地域性以及种类和要素多样性等特点。这就要求科学数据元数据的内容必须能够向用户提供数据的这些属性方面的信息，如科学数据的采集方法、数据的使用情况等，然而现状是这些属性并没有体现在元数据内容中，不能满足需求。现有的元数据标准中反映数据内容的要素有数据集标题、数据集关键词、摘要等，而且元数据实体中包含了数据内容信息模块。作为数据共享层面的元数据，《科学数据管理办法》中明确要求按照"分级分类管理，确保安全可控"原则，依法确定科学数据的密级和开放条件，加强科学数据共享和利用的监管。国家农业科学数据中心在运行过程中，结合农业科学数据安全管理要求以及管理现状，按照科学性质和可共享性制定了《分类分级规范》，在数据管理的实践中，严格遵照规范实施，更合理地开发利用数据，实现了可持续性的数据共享。

依据《科学数据管理办法》和国家农业科学数据中心的数据政策和技术规定，国家农业科学数据中心组织人员对汇交的农业科学数据进行分类、标注、整理和安全存储等全生命周期管理。同时，为了数据安全，对数据进行分级，如敏感数据、核心数据、常规数据、公开开放数据等；根据数据的类别和数据分级，进行科学的数据管理。

（3）元数据管理意识需要提高

科学数据元数据的功能已经不仅仅局限于对资源的简单描述或索引，其实现的功能已经发生变化。除了承担描述、定位、搜索、评价和选择资源的作用外，还承担着管理科学数据、维护数据安全和控制数据质量的功能。目前，虽然以国家农业科学数据中心为代表的国内机构，已经制定了管理相关的元数据标准规范，但是，数据生产者和提供者，对元数据的管理意识还比较薄弱，经常发生提供的元数据缺失，或者元数据不全的情况，需要进一步提高相关人员的信息化水平。

（4）元数据应用不规范

在元数据实际应用中存在随意性，元数据著录者无视元数据记录的完整性，只是站在自身角度上完成元数据元素项的内容，甚至因怕麻烦而省略一些项目。这势必导致元数据的质量和内容达不到用户的需求。最为典型的是，元数据内容中规定了如何描述数据质量，通过数据志来反映，其中包括了数据源和数据处理步骤。但在实际应用中，元数据著录者在很多情况下省略了该项内容，事实上数据质量信息是用户评价和使用数据的重要参考依据，尤其对于加工处理过程十分复杂的数据，用户对该项信息尤为关注（赵华和王健，2014）。

2.2　元数据表示方法

元数据的维护和使用，如来源和与时间相关的信息，在语义 Web 中越来越重要，特别是对于处理来自多个来源的异构数据并要求高数据质量的大数据应用程序。元数据的基本表现形式是名值对，其中名称部分来自于受控命名空间，值可能是自由文本、数值或来自受控词表。元数据最常用的基本组织形式包括 XML 和 RDF 等。

2.2.1 XML

XML 的全称是 eXtensible Markup Language，即可扩展标记语言。可扩展标记语言可以用来标记数据、定义数据类型，是一种允许用户对自己的标记语言进行定义的源语言。XML 语言以数据为核心，数据与样式分离，XML 与 Access、Oracle 和 SQL Server 等数据库不同，数据库提供了更强有力的数据存储和分析能力，如数据索引、排序、查找、相关一致性等，XML 仅仅是存储数据。事实上它与其他数据表现形式最大的不同是：XML 极其简单，这是一个看上去有点琐细的优点，但正是这点使它与众不同。XML 作为标准通用标记语言（SGML）的子集，非常适合 Web 传输。XML 提供统一的方法描述和交换独立于应用程序或供应商的结构化数据。XML 的简单、易于在任何应用程序中读/写数据的特性，使 XML 很快成为数据交换语言（此类语言主要包括 XML、JSON 等，常用于接口调用、配置文件、数据存储等场合），虽然不同的应用软件也支持其他的数据交换格式，但不久之后它们都将支持 XML，这就意味着程序可以更容易地与 Windows、Mac OS、Linux 以及其他平台下产生的信息结合，然后可以很容易加载 XML 数据到程序中并分析它，并以 XML 格式输出结果。XML 支持访问 XML 文档的标准 API，如 DOM、SAX、XSLT、XPath 等。

2.2.2 RDF

RDF 全称为 Resource Description Framework，即资源描述框架。相对于 XML 提供了元数据的组织结构，达到了与平台无关性。RDF 则提供了一种通用性的数据描述方式，解决如何无二义性地描述资源对象的问题，使得描述的资源的元数据信息成为机器可以理解的信息，也即语义基础。RDF 要解决的是如何采用 XML 标准语法无二义性地描述资源对象的问题。

RDF 是一个使用 XML 语法来表示的资料模型（data model），用来描述 Web 资源的特性，以及资源与资源之间的关系。RDF 是 W3C 在 1999 年 2 月 22 日所颁布的一个建议（recommendation），制定的目的主要是为元数据在 Web 上的各种应用提供一个基础结构（infrastructure），使应用程序之间能够在 Web 上交换元数据，以促进网络资源的自动化处理。RDF 用于信息需要被应用程序处理而不是仅仅显示给人观看的场合。RDF 提供了一种用于表达这一信息，并使其能在应用程序间交换而不丧失语义的通用框架。既然是通用框架，应用程序设计者可以利用现成的通用 RDF 解析器。

RDF 能够有各种不同的应用，例如，在资源检索（resource discovery）方面，能够提高搜索引擎（search engine）的检索准确率；在编目方面（cata loging），能够描述网站、网页或电子出版物等网络资源的内容及内容之间的关系；而借着智能代理程序（intelligent software agents），能够促进知识的分享与交换；应用在数字签章（digital signature）上，则是发展电子商务，建立一个可以信赖的网站（web of trust）的关键；其他的应用还可涉及诸如内容分级（content rating）、知识产权（intellectual property）、隐私权（privacy policies）等。

2.3 元数据开放获取

2002 年《布达佩斯开放获取倡议》（*Buda-pest Open Access Initiative*）首次对"开放获取"进行了定义，即可以在公共网络上被免费获取，允许任何用户对该文献的全文信息进行阅读、下载、复制、分发、打印、检索、超链接，支持爬行器收割并建立本地索引，用作软件的输入数据，以及用于其他任何法律允许的用途。而在使用这些文献时，用户不存在财力、法律或技术上的障碍，只需在获取文献时保持其完整性，而对文献复制和发布的唯一限制，或者说版权在该领域的唯一作用就是给予作者控制其作品完整性及作品被正确理解和引用的权利。随着开放获取运动的深入和互联网的发展，开放获取资源形成了不同类型，解决了科研人员不能跟踪学术前沿的问题，给图书情报界带来了一种全新的文献资源建设和服务理念与模式。自从 2001 年 12 月在布达佩斯进行的开放获取倡议发布以来，开放获取资源作为一种特殊类型的数字资源，得到了快速的发展。数字资源建设所需的资源种类日益增多，常以多种类型、多种渠道和多种形式广泛地分布在各种维度层次的网络上，具有数据量巨大、生命周期不定、网络存储分散、类型格式复杂、资源组织异构、力度层级复杂等特点，为资源的进一步发现、监控、更新和整合带来了新的挑战。

2.3.1 开放获取倡议

自 20 世纪 90 年代以来，开放获取运动逐渐兴起，开放获取日益成为数字出版的主流模式。虽然开放学术资源是以"免费、开放"为特性面向研究人员提供信息服务，但其所具有的类型多样性、分布分散性、动态多变性、缺乏公认的统一遴选标准等特点，为科研人员的使用和图书馆资源建设带来了极大困难。大量 OA 资源的涌现、文献资源的难以控制，使得科研人面临从大量的质量参差不齐的 OA 文献中选取自己所需的资源的问题。为此，诸如 DOAJ、DOAB、PMC、Socolar、Cnpliner、COAJ 等国内外开放学术资源服务平台陆续推出，以求解决大规模开放学术资源的集成揭示问题，但也未能真正实现跨类型、跨平台的资源检索与服务。随着学术资源发现系统的逐渐成熟，SUMMON、EDS 等商业系统开始提供开放学术资源与本地资源的集成揭示服务，但局限于付费使用的营利性经营形式，造成用户受众范围较小。因此，为优化面向国内科研人员的公益性、普惠性信息获取条件，有必要在积极推动开放获取运动的大环境下，重点关注和深入研究开放学术资源的监控策略。

开放学术资源分散，存在多个平台，同时文献资源开放出版状态也经历多次转换，研究通过自动化方法尽可能发现开放学术资源的增加、减少及变动，保证开放学术资源建设的完整性和连续性具有重要的意义。开放获取发展至今总体上还处于初级阶段，各项制度和体系建设尚在完善中，为了使科研人员充分利用 OA 资源带来的好处，同时有效规避在文献质量方面的缺陷，研究 OA 数据中高质量期刊文献的选取方法，以便快速识别和选取满足用户需求的文献，这成为一个亟待解决的问题。

2020 年中国农业科学院印发《中国农业科学院关于针对公共资金资助科研项目发表的论文实行开放获取政策的声明》和《中国农业科学院农业科学数据管理与开放共享办法》，为中国农科院学术成果实施开放获取和科学数据规范管理，提高科研产出和科学数据开放共享水平提供了政策保障与制度规范。公共资金资助科研项目发表的科研论文属于全社会共享的知识资源，科研论文在全社会的开放获取，将促进知识的传播利用。中国农科院推行开放获取政策，有利于传播全院学术成果，提高学术影响力和社会影响，促进学术交流和成果转化。《中国农业科学院关于针对公共资金资助科研项目发表的论文实行开放获取政策的声明》要求公共资金资助科研项目发表的科研论文存储到本院机构知识库，并于发表后 12 个月内开放获取或者由作者设定开放获取时间；同时，鼓励院研究人员和研究生将政策发布之前的论文存储到中国农业科学院机构知识库以便开放获取。

农业科学数据是国家农业科技创新的基础性和战略性资源，规范和加强农业科学数据资源管理、保障数据安全，提高数据开放共享水平，将有助于促进农业科技创新和经济社会发展。《中国农业科学院农业科学数据管理与开放共享办法》是中国农业科学院落实国家《科学数据管理办法》总体要求的具体体现，其制定过程是立足于中国农业科学院近 20 年来科学数据工作的坚实基础与实际情况，聚焦于科学数据管理与开放共享的突破点和保障机制，以解决中国农业科学院科学和数据工作的突出问题与需求。《中国农业科学院农业科学数据管理与开放共享办法》明确了科研项目数据汇交要求，规定了项目立项、项目执行和项目结题验收不同阶段的数据管理要求，提出建立论文关联数据汇交机制，明确农业科学数据开放共享主体责任，并对数据管理与共享的工作机制、业务流程、适用范围等方面进行了进一步阐述。《中国农业科学院农业科学数据管理与开放共享办法》还规划了中国农业科学院农业科学数据中心体系，为今后科学数据的规范管理与开放共享提供了组织和机制保障。

中国农业科学院农业信息研究所正式签署了"开放获取 2020 计划"（Open Access 2020 Initiative，OA2020）倡议的《关于大规模实现学术期刊开放获取的意向书》。该计划旨在通过推进学术期刊从订阅模式转为开放获取，解决科技界日益增长的创新需求与不平衡、不充分的知识发现及获取之间的矛盾。OA2020倡议由德国马普学会等机构于 2016 年 3 月发起。截至 2018 年 1 月，共有 33 个国家 99 家机构正式签署了意向书，包括德国马普学会，美国加利福尼亚大学伯克利分校，欧洲地球科学联盟，世界气象组织，德国、荷兰、西班牙等国家科学基金，欧洲大学联盟，德国、荷兰、意大利等大学校长会议，英国、南非、日本、韩国等国图书馆联盟，以及中国的国家科技图书文献中心、中国科学院文献情报中心和上海科技大学等机构。

2.3.2 元数据收割协议

元数据收割协议（Open Archives Initiative Protocol for Metadata Harvesting，

OAI-PMH）是 OAI 组织在 2001 年发表的用于解决分布式网络化环境中元数据信息标准化的协议。基于 OAI-PMH 的元数据获取框架主要是由三部分组成：数据提供方（data provider）、服务提供方（service provider）及注册服务器（registrar server），如图 2-1 所示。

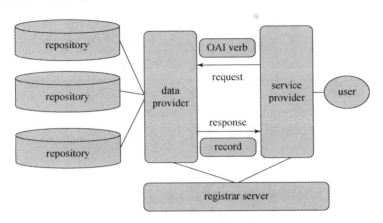

图 2-1　基于 OAI 的元数据获取框架

数据提供方负责元数据的生成，即按照统一的规范，在本地建立本地元数据仓库（repository），并且以 OAI 的响应（response）向服务提供方发布元数据。

服务提供方通过 OAI 请求（request）把数据提供方发布的元数据进行收割，并对元数据进行整理加工，为用户提供统一的检索界面，并提供增值服务。

注册服务器是对服务提供方和数据提供方进行管理的模块。数据提供方与服务提供方都需要在注册服务器进行注册。

OAI 协议，是一种独立于应用的、能够提高 Web 上资源共享范围和能力的互操作协议标准。OAI 最初目的是为了学术性电子期刊预印本之间互通性检索而设，因为数位图书馆所遇到的互通性检索问题与之相似，所以 2000 年上半年，OAI 计划便将其适用范围扩展至数位图书馆领域。为达成加强系统之间互通性的目的，更准确地取用学术性电子全文资源，OAI 进一步发展诠释资料撷取协定以利运作。

OAI-PMH 是以 HTTP 为基础，在协议中，储存地被定义为可取用的网络系统，其包含可使用撷取协议进行检索的诠释资料。这些释资料以 XML 的编码（encoding）格式传回，不过需要使用无修饰词（unqualified）的 Dublin Core-元素集（element set）来支援编码记录，然而 OAI 的协定也允许使用其他有支援

XML 记录定义。另外，OAI-PMH 亦可支持 Perl、Java 和 C++等程式语言。OAI-PMH 主要的功能在于从电子全文的典藏处获得诠释资料，并予制作索引以为搜寻线索，达到便于搜寻电子全文的目的，而在进行全文检索时 OAI-PMH 会以不同的格式提供诠释资料。

基于 OAI-PMH 的资源监控方法特点在于：数据提供方遵循统一的收割协议，并提供统一的数据监控接口。该方法已十分成熟，能准确、高效地监控开放获取期刊元数据，但该方法局限于 OAI-PMH 的开放获取期刊，但对于非 OAI-PMH 的开放获取期刊，该方法无法进行监控。

2.3.3 开放学术资源获取方法

2.3.3.1 开放学术资源分析与遴选

（1）开放学术资源的类型内容及特点分析

根据开放获取的定义，开放学术资源大体分为 OA 类资源和普通免费资源两大类。OA 类资源主要是指不仅免费，而且有专门机构负责维护、提供长期稳定免费服务的资源；普通免费资源主要指不完全满足 OA 定义，即缺乏专门机构的维护，不能保证长期稳定服务的免费资源。OA 类资源出版发行一般有固定模式和周期，稳定性更好，正式出版的 OA 资源还有 ISSN 号或 ISBN 号，所以对其采集保存，提供服务不会存在太大问题；而普通免费资源就不具备这些特点，这也就使得普通免费资源成为资源采集、保存的研究重点，这部分资源也是采集、跟踪研究的重点。

（2）网站内容及版权分析

互联网上的开放学术资源主要分为遵循 OAI-PMH 协议的结构化资源和未遵循 OAI-PMH 协议的非结构化资源。前者可利用支持 OAI-PMH 协议的元数据收割软件来采集、识别。后者则需利用专门的采集软件来采集、分析；并且绝大多数是没有明确版权要求的。但是，个别网站（如 CEUR Workshop Proceedings 等）有明确的版权要求，版权归录编者和著者所有。这类资源只能进行个人和学术研究为目的的复制，禁止商业性复制或使用；整卷或单篇论文的转载、再出版（Re-publication）需取得版权所有者（编者、著者或两者同时）的同意。

2.3.3.2　开放学术资源元数据获取

(1)　基于 DOI 的 OA 判定方法研究

通过编写 C++API 接口编写鼠标和键盘模拟程序完成自动化的网页打开、检索式自动编辑、条件选择及题录数据的批量化导出。依次点击 Web of Science 核心集合的查询界面，并在检索框自动检索式（OG＝'机构名称'）。由于下载的文本文件一般为多条记录（最多 500 条）的集合，因此首先根据标志位 PT（记录开始）和 ER（结束记录）将单条文献题录信息提取出来并保存为以 WOS 号命名的 TXT 文件。从 Web of Sciences 的期刊资源摘要信息中批量导出摘要数据，并从摘要数据中提取 DI 字段数据作为 DOI 信息、Year 字段、ISSN 字段等保存进入数据库。在获取 DOI 之后，可以使用解析方法：http：//dx. doi. org/+（资源 DOI 地址）使用多线程进行网页解析并获取返回网页信息，对于网页文本使用正则表达式进行超链接提取。

通过 DOAJ 提供的期刊元数据分析，大多数 OA 期刊的全文下载格式为 PDF 和 HTML。在获取到网页内容后观察发现，OA 资源一般会在网页的相关部分提供全文本下载链接。根据此规则，从网页 HTML 标记中提取超链接标题和具体链接地址，将超链接标题为 FULLTXT 和 PDF 的链接资源过滤保存到数据中所示，针对具体的超链接进行网页获取，如果能够下载到本地则认为，该学术资源处于开放状态。同时将拆分的超链接，与已有的 DOI 库进行比对，新出现的 URL 地址作为新的 OA 资源。

(2)　比对库核心表设计

由于研究对象的不同，使用了不同监控方法来保证监控的全面性，但是同时对于比对任务来说增加了任务的复杂性。通过比对 DOAJ 官方提供的期刊元数据和文献元数据格式说明和 WOS 题录数据的格式说明，不难看出，DOAJ 元数据是针对开放期刊资源设计的，但是缺少唯一标识符来标识当前文献资源。一个文献的 Identifier 属性字段有多个数值，难以界定哪一个适合作为用于比对的主键，而 Title 字段则存在转移字符、拼写错误等问题，也不适合作为比对主键。

WOS 题录字段丰富不仅面向期刊还包括会议、丛书等内容，尤其是包括了 DOI 信息，适于作为对比信息，另外由于 WOS 题录为规范化题录，内容干净，适于对 XML 数据进行清洗，是本研究的重要基础资源。

根据监控主键的判断，增加 DOI、Handle 和 URL 三个最为比对主键，之所以用三个字段主要是因为元数据的缺失到时，尽可能完整涵盖元数据标识地址。同时增加了 FullText URL、PDF URL 作为对外提供服务的接口。updateNum 和 updateDate 用于对比工作，作为每一次监控周期下新增开放学术资源的判断依据。

（3）监控方法总结

开放学术资源的监控方法流程如图 2-2 所示。首先将监控对象分为已知 OA 和未知 OA 两类。已知 OA 又分为支持 OAI 协议资源和非 OAI 资源，支持 OAI 协议的直接采用 PYOAI 工具进行采集，而非 OAI 资源则采用本研究开放的基于 Web 信息的监控方法采集自定义的元数据。对于未知 OA 的监控方法，采用监控

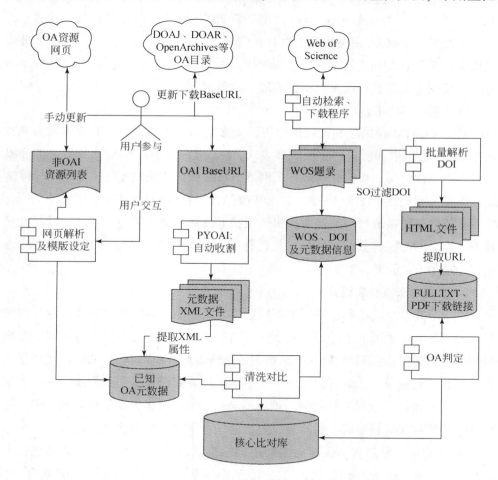

图 2-2　开放学术资源监控方法流程

WOS 题录并从中提取 DOI，解析只进行 OA 是否的判断，判定为真的资源直接写入对比库。已知 OA 资源的元数据提取后则要与 WOS 题录表进行清洗，尽可能地找到 DOI、WOS 等作为唯一主键，之后写入比对库。

2.4 元数据检查与评价

元数据是业务和科研互通的桥梁，是数据治理的重要组成部分。因此元数据建设的质量高低会对农业科研进步以及管理带来重要的影响。

2.4.1 元数据质量内涵

高质量的元数据是数据中心的最基本部分，界定元数据质量的内涵是元数据质量评价的核心工作内容。BRUCE 和 HILLMAN（2003）认为元数据的质量也很难定义。他认为通过人脑的判读可以明确是什么质量问题，但是传达让我们识别它的全部假设和经验则是另外一回事。由于这个原因，在图书馆界之外，很少有人写过关于定义元数据质量的文章。关于以不需要、不可接受的人力的方式来执行质量的问题，就更少有人提及。2002 年，在对 82 个 OAI 数据提供者的元素使用情况的研究中，WARD 报告说，这些提供者平均每条记录使用 8 个都柏林核心元素。WARD 的研究表明，大多数元数据提供者只使用了都柏林核心元素集的一小部分，但是她的研究并没有试图确定这些少数元素中信息的可靠性和有用性。2003 年，康奈尔大学数字图书馆研究小组的 DUSHAY 和 HILLMANN（2003）发表了一篇论文，描述了评估元数据的方法，并详细报告了在收获的元数据中发现的一些常见错误和质量问题，以及一种使用商业上可用的可视化图形分析工具来评估元数据的技术。这两项工作显然都有一些质量的定义，但是都没有明确说明。BARTON 等（2003）发表的论文都集中在元数据记录的缺陷检测及缺陷对馆藏效用的影响上。BARTON 等坚信，缺陷分析对元数据生成实践有重大影响。

国内关于元数据质量的探讨起步较晚，黄莺（2013）认为元数据的质量高低取决于其是否能够在特定的环境中实现既定的功能。刘家真和廖茹（2009）认为元数据的质量指的是在表达数据资源时，可以达到准确性、一致性与完整性的程度，相较于 RASAIAH 等，更加具体地表明了元数据质量的特征。此后，林爱群（2009）指出高质量的元数据能够使得用户仅通过元数据可以对数据资源有清晰的认识，而不必访问数据本身。同时，其认为随着资源环境的日益复杂，元数据质量的内涵需要更多建立在丰富的功能需求之上。宋立荣（2016）对于元数据质量内涵的看法与 Bruce 较为一致，均认为元数据质量取决于元数据能多大程度满足用户发现、确认、选择和使用信息资源等相关需求。此外，邹志远（2017）同样认为元数据质量在于满足信息资源管理和利用的程度。

2.4.2　元数据质量评价

元数据质量的评估流程首先要确定检测的元数据质量指标和评估规则，然后编写相应的 SQL 脚本来检测分析数据，最后计算满足各个规则的数据的百分比得分。系统的综合得分的计算可以通过把每条规则的得分计算出来，然后综合后取平均值，但更为合理的方法就是可以把每条规则的得分按照给定的权重进行评价，做出一个合理的数据质量评价等级。由用户规定每个检测规则的权重，做出一个权重方案，然后按照各个检测规则的权重进行整体的计算统计，得到一个合理的数据质量评估得分。元数据质量主要评估指标如下所示。

2.4.2.1　完整性检测

完整性即描述元数据信息缺失的程度，是元数据质量中最基础的一项评估标准。元数据缺失的情况可以分为数据信息记录缺失和字段信息记录缺失。数据完整性检测的步骤是：

1）对于数据信息记录缺失的检测，可以通过对比源库上的表数据量和目的库上对应表的数据量来判断数据是否存在缺失。

2）对于字段信息记录缺失的检测，选择需要进行完整性检查的字段，计算该字段中空值数据的占比，通常来说表的主键及非空字段空值率为 0。空值率越小说明字段信息越完善，空值率越大说明字段信息缺失得越多。

2.4.2.2　准确性检测

准确性，用于描述一个值与它所描述的客观事物的真实值之间的接近程度，通俗来说就是指数据记录的信息是否存在异常或错误。例如，录入人员在上报系统上填写用户信息时，手误输错了某一信息，造成了数据库里存在的信息与客观事实不一样。数据准确性检测较为困难，一般情况下很难解决。在某些特定的情况下，如性别、年龄、出生日期、籍贯等信息可以通过校验身份证号来检测，前提是确保身份证号码是正确的。

2.4.2.3 有效性检测

有效性，用于描述数据遵循预定的语法规则的程度，是否符合其定义。例如，数据的类型、格式、取值范围等。数据有效性检测的步骤是用户选择需要进行有效性检测的字段，针对每个字段设定有效性规则。有效性规则包括类型有效、格式有效和取值有效等。类型有效检测字段数据的类型是否符合其定义，例如可以通过求和来判断是否是数值型，通过时间操作来判断是否是时间类型。格式有效性检测可以通过正则表达式来判断数据是否与其定义相符。取值有效检测则通过计算最大最小值来判断数据是否在有效的取值范围之内。

2.4.2.4 时效性检测

时效性，是指信息仅在一定时间段内对决策具有价值的属性。数据从生成到录入数据库存在一定的时间间隔，若该间隔较久，就可能导致分析得出的结论失去了借鉴意义。例如，当天的交易数据生成后没有及时地录入数据库或者源库与目的库之间的同步延迟，则会导致统计结果和真实结果存在一定误差。

2.4.2.5 一致性检测

把待检测的表作为主表，首先用户确定一致性检测的主表字段，然后选择需要给定检测的从表和从表字段，设置好主表与从表之间的关联项，关联项可以是多个字段，但是关联项必须是拥有匹配值的相似字段。匹配关联之后检查主表和从表相同或者类似字段字段值是否一致。

2.5 元数据加工

为满足实际需求，农业科学数据必须经过加工方能公开使用。加工目的主要包括为排除原有数据存在问题而进行的加工和为了数据融合而进行的加工两种。例如，科技计划项目数据汇交产生的农业科学数据和元数据可能存在各种问题，需要进行针对性加工以提高可用性：①元数据不全问题，常见于缺少描述信息、地址信息、邮编地址信息等字段，需要进行补全；②实体数据格式问题，常见于格式错误、格式可读性差（以 PDF 报告提供数据、以图片形式提供表格数据）等，需要进行修正、识别和提取；③实体数据字段问题，常见于字段定义不规范、字母字段缺少含义解释等，需要进行修改和标注；④数据可用性不足，常见于提交的论文、报告、证书等不可用，需要进行修改。

2.5.1 国家农业科学数据加工系统

为了实现来自国家农业科学数据汇交审核系统、长期性数据汇交系统、国家农业科学数据总中心门户、分中心门户、实验站门户等收集的科学数据资源的统一加工处理，满足数据共享的规范及要求，国家农业科学数据中心开发了数据加工系统，汇交至国家科学数据中心的原始数据。为了实现分级分类管理，需对元数据和实体数据进行加工，包括元数据的描述信息、数据分类、数据融合、实体数据格式等，从而满足公开共享要求，并可以提高数据的再利用价值。

2.5.1.1 功能简介

该系统功能主要包含原始数据查看、元数据加工、加工数据审核、数据分类、加工任务分配、用户管理、个人信息管理等，为进一步的数据治理、挖掘、分析与利用提供有力的系统保障。

国家农业科学数据中心开发了农业科学数据加工系统，对科技计划项目科学数据汇交审核系统、长期性数据汇交系统、总中心门户、分中心门户、实验站门户等其他系统收集的数据资源根据统一的格式进行加工处理，满足数据共享的规范及要求。系统功能主要包含原始数据查看、元数据加工、数据审核、数据分布、加工任务分配、用户管理、个人信息管理等，具体系统界面如图 2-3 ~ 图 2-5所示。

农业科学数据加工系统用户凭账号和密码登录系统，并完成相关操作。系统主界面包括菜单区、统计区、个人信息区，如图 2-6 所示。

系统主要包括数据加工、数据审核、用户数据分配、基本信息管理等。

2.5.1.2 数据加工

数据加工主要包括对科技项目汇交数据、长期性汇交数据、三级门户数据的加工功能。对每种数据，可以通过界面查看其科学数据集名称、学科分类、地理

图 2-3 国家农业科学数据加工系统首页界面

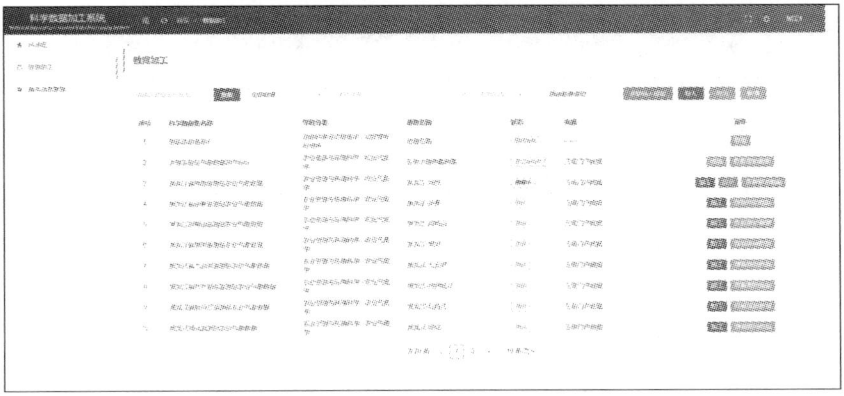

图 2-4 加工系统功能主界面

范围、状态、创建时间等。主要的加工功能包括新增、加工、提交、查看原始数据、导入和导出等。加工内容主要包括对数据名称、地理范围、内容等的标注和修改，如图 2-7 和图 2-8 所示。

2.5.1.3 数据审核和分配

数据审核主要是通过管理员对指定审核者分配数据，或为数据制定审核者。

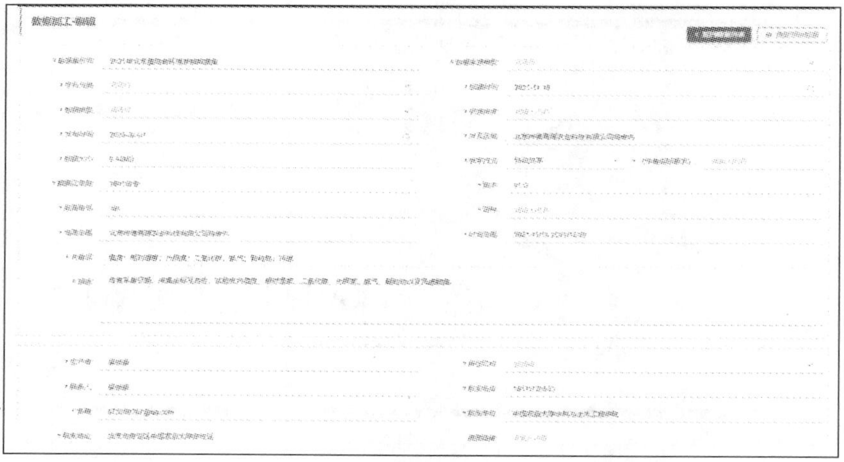

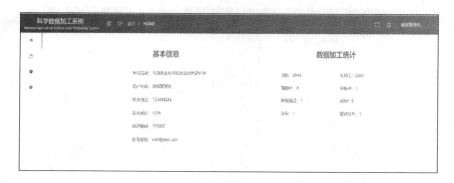

图 2-5　元数据编辑界面

图 2-6　加工系统基本信息界面

系统能够对数据的名称、分类、数据内容等进行审核，确保加工质量，如图 2-9 所示。

2.5.2　农业长期定位观测数据共享元数据加工案例

国家农业科学观测工作，包括对土壤、水、肥、气象等农业生产关键要素及农业生物多样性、病虫害等的长期系统动态监测，为推动农业科技创新提供数据支撑，为农业科学研究、生产管理、灾害预警和粮食安全生产提供科学依据。农

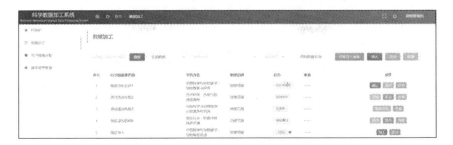

图 2-7　加工功能选择界面

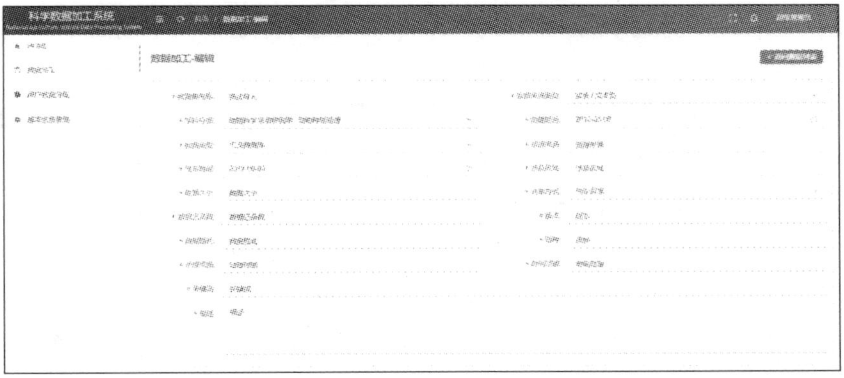

图 2-8　加工系统数据加工界面

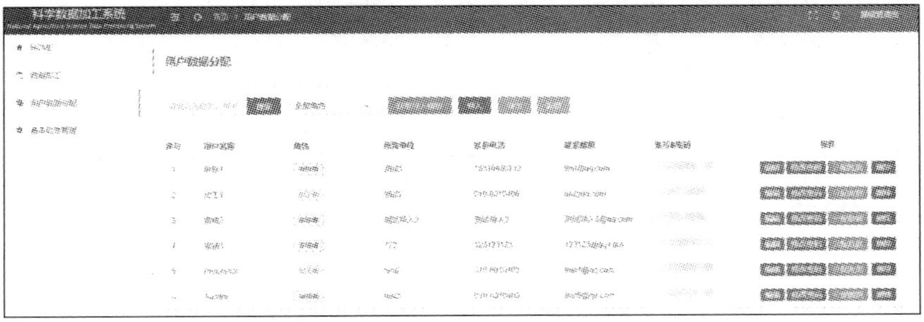

图 2-9　加工系统用户分配界面

业农村部自 2017 年启动实施农业基础性长期性科技工作以来，构建了以 11 个数据中心为"塔尖"、456 个观测实验站为"中坚"、4 万多个生态环境国控监测点为"塔基"的"金字塔"式观测监测网络，形成了实验观测和定点监测相结合的网络体系。农业基础性、长期性科技工作的实施是对农业生产要素及其动态变化进行科学观察研究，明确其内在联系及其发展规律的重大开创性举措，为农业基础性、长期性科学数据监测体系的建成提供了组织和机制保障。

国内外野外观测网络对元数据的建设也进行了深入细致的实践研究。例如，美国国家生态观测站网络（NEON）注重观测指标可比和监测设施统一规范，保证数据质量的可靠性和在回答关键科学问题中的有效性；全球陆地观测系统（GTOS）制定了气象、生物、土壤、水文、环境等系列统一的观测指标体系和属性信息；英国的环境变化观测网络（ECN）对数据传输和共享制定了规范方法。中国生态系统研究网络（CERN）研讨制订了数据分类分级的管理办法，并通过共享系统平台实践这一标准。中国农业科学院农业信息研究所承担观测数据汇聚系统的建设工作，通过近几年的实践不断完善农业不同学科领域的需求，数据汇交总量稳定上升。农业观测数据如何更好地服务科研创新、解决国家重大需求，实现农业基础性、长期性科技工作的初衷，共享元数据标准的研制成为下一步亟待开展的工作内容。为了更好地落实《科学数据管理办法》的要求，促进农业基础性、长期性科学数据开放共享，发挥长期观测研究数据的价值，实现长期生态观测数据的开发、共享、应用一体化，在现有农业基础性、长期性科技工作门户基础上，形成"数据总中心—数据中心—科学观测试验站"三级网络化工作门户。在规范化整理、数字化、质量控制和产品开发基础上，将已经形成的数据产品对全社会开放共享，实现农业观测数据非涉密数据分级分类的共享服务，提升农业基础性、长期性观测工作影响力。

在农业基础性、长期性科技工作中，数据采集者本身承担着复杂繁重的科研任务。通过表 2-1 不难看出，农业观测数据是需要符合专业行业工作标准的科研人员才能完成的，很多观测数据尤其是野外台站数据的产生具有不可重复性，为保证它们不被误用并长期保持可用，尤其需要在共享环节相应地说明数据产生的方法和条件，特别是数据采集人员在采集过程中要意识到，观测数据不仅仅是为了完成科研任务，更重要的是对于数据使用者来说能够方便地知道数据采集的时空环境、数据质量的控制标准、数据采集的方法、数据使用的权益机制等，这就要求在农业观测数据共享管理中引入元数据技术并研究探讨元数据的技术标准。

共享元数据的著录过程允许数据生产者对这些信息进行完全记录，以便这些数据不因时间的流逝而丧失可用性。

表 2-1　国家农业观测指标体系

领域数据中心	观测对象/指标描述
植保数据中心	虫害和病害两个监测指标体系，监测对象涵盖了小麦、玉米、水稻三大主粮作物及大豆、棉花、蔬菜、果树等主要经济作物的重大害虫 19 种（类）和病害 13 种（类）
环境数据中心	5 个农业环境背景，7 个必测指标
土壤数据中心	70 项必测指标和 28 项可选指标。必测指标中记录和收集类指标有 54 个，土壤参数监测指标有 16 个
动物疫病数据中心	6 类动物疫病数据监测规范和数据标准，即病毒病、细菌病、寄生虫病、营养代谢与中毒病、屠宰与产品风险、水产养殖 6 类监测指标规范
农用微生物数据中心	肥效微生物、生防微生物、饲料与动物养殖微生物等 11 个一级指标
作物种质资源数据中心	35 种作物，分别为水稻、野生稻、小麦、玉米、普通菜豆、马铃薯、桃、葡萄、猕猴桃、柑橘、香蕉、荔枝、龙眼、火龙果、毛叶枣、菜豆、蚕豆、南瓜、冬瓜、番茄、茄子、木薯、粉葛、茶树、人参、五味子、大豆、花生、芝麻、紫花苜蓿、老芒麦、披碱草（短芒披碱草，垂穗披碱草）、蕹草、波罗蜜、高粱
天敌数据中心	农作物天敌昆虫及天敌螨类资源监测、特殊生境作物天敌昆虫及天敌螨类资源监测、新型蛋白质来源的昆虫资源收集评价等 5 种昆虫资源动态监测
质量数据中心	粮食、油料作物、蔬菜、果品等 8 个产品对象的质量安全指标监测
畜禽数据中心	新增观测监测指标 31 项，调整、删除或整合指标 40 项，最终确定中心观测监测指标 209 项
渔业数据中心	重要水域渔业资源、生态监测及鉴定评价的 16 个要素监测，以及典型养殖水域养殖结构与环境容量评估监测 4 个必选要素指标

国家农业观测数据的开放共享离不开数据仓储和元数据标准的支持，共享元数据的建设基于元数据理论为数据附加高质量的元数据描述，从而通过该元数据的有效组织创建，实现科学数据共享系统的高效运行。在元数据制定过程中必定会面临数据粒度以及带来的成本问题：有些用户只关心大粒度的数据集，有些用户则对数据的详细信息比较感兴趣。核心元数据针对特定类型或特定范围数据集的完备性和适用性不是很高；过细的元数据会给著录者带来繁重的工作量以及心理影响。农业观测数据共享元数据应重点考虑元数据格式规范设计和长期维护的复杂性以及国际化环境和互操作的需要，一般选择复用相关领域现有标准。

国家农业观测数据共享元数据标准的研制以科学技术部科学数据共享工程技术标准、国家农业科学数据共享中心制定的《农业科学数据共享标准体系及参考模型》为主要的指导标准，参考国内外相关实践作为制定依据，整体标准结构如图 2-10 所示。

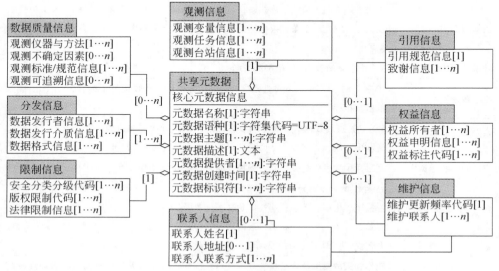

[1]表示为必填项；[1…n]表示为最少1个；[0…1]表示最多一个；[0…n]表示为任意多个，也可以没有

图 2-10　农业观测数据共享元数据标准结构

在图 2-10 中，每一部分信息都用 UML 包来表示。每个包（元数据子集）包括一个或多个类（元数据实体），它们可以是特化的（子类）或泛化的（超类）。类（元数据实体）包含若干属性（元数据元素）。类（元数据实体）可以与一个或多个其他类（元数据实体）相关。类（元数据实体）可按需要聚集或重复。

3 | 实体数据加工

近年来，实体数据的加工得到了世界各国政府、科研机构和科学家的高度重视，相关国际组织和农业科学数据平台格外活跃，实体数据的加工持续推进，为科技创新提供了有力支撑。联合国粮食及农业组织（Food and Agriculture Organization，FAO）针对实体数据加工，发布了农业环境指标、农业科技指标、土地利用、渔业资源等10多个数据库，积极促进农业科技创新研究。国际橡胶研究组织（International Rubber Study Group，IRSG）搭建了世界天然橡胶产业数据库，该库覆盖世界主要天然橡胶的生产面积、产量、库存量、贸易量、市场价格，以及主要天然橡胶消费国的消费量、进出口量、进出口价格等数据（BRUNO and FERREIRA，2018）。国际椰子共同体（International Coconut Community，ICC）、国际可可组织（International Cocoa Organization，ICO）、国际胡椒共同体（International Pepper Community，IPC）等分别构建了对应的热带作物产业数据库，为热带作物经济研究提供了数据支撑（KEDIA et al.，2017；YU et al.，2016）。我国科学数据平台建设始于21世纪初，2014年建成地球系统科学、人口与健康、农业等14个领域的国家科技资源共享平台，2019年科学技术部、财政部对原有国家平台进行优化调整，形成了20个国家科学数据中心，推进相关领域科技资源向国家平台汇聚与整合。从实体数据加工现状来看，对已经收到的数据进行加工以达到发布标准是下一步重点研究内容，究竟如何加工实体数据仍需探索。

为了满足不同需求，对已有实体数据进行加工，包括数据的组织和保存，以及数据格式的转化、文件内数据的重新组织和修订等，使得加工后的文件达到应用的目标。倘若数据加工科学合理，那么经过加工后的数据是一个简洁、规范、清晰的规范数据，在整个全数据生命周期中，是至关重要的一环，使得数据有更广泛的利用与共享。

3.1 实体数据的组织与存储

在实体数据的管理过程中，海量数据以各种各样的形式存放在不同存储介质中，数据的组织方式及内在联系的管理方式直接决定着数据处理的效率、数据复用及数据的分享与利用。

3.1.1 实体数据的组织

3.1.1.1 实体数据组织的概念

"组织"一词的研究始于20世纪80年代，主要集中在计算机界的数据库领域和企业界（潘兴强等，2022）。国内自从2000年以来，在图书情报领域、计算机科学领域较为集中地对数据资源组织与集成进行了研究。

虽然数据组织的概念在各研究领域有不同的界定。但是它的本质都是通过一定的技术手段，把不同来源、不同格式、不同特点、不同性质的异构数据，在逻辑上或物理上进行有机地集中，屏蔽各种数据源的差异，让这些异构系统"互通互联"，并以统一的视图形式表现出来，达到异构数据的共知和共享（王鸿鹏，2021）。

数据组织的定义：在实现数据再利用过程中对数据进行各类形式的优化处理过程。在实体数据加工的全过程中，涉及与数据相关的概念，本节进行简要介绍（卢林竹等，2021）。例如，数据组织的类型及其层次规范；数据组织的方式、特征、模式及所涉及关键问题。

3.1.1.2 实体数据组织的类型

数据组织的类型是研究数据问题的一个基本理论，通过整合进行分类，有助于明确要解决的整合问题，而且不同类型的整合问题需要不同的整合技术和整合方法。因此，数据科学家十分重视数据组织的研究，目前对这个问题形成了二分法、三分法和四分法等几种观点。LEYMANN和ROLLER认为整合有数据组织和功能整合两种基本类型（张立茂等，2019）。数据组织要解决的问题是通过统一的界面和集成的模式对异构的、"外部"的数据源进行访问，LEYMANN等认为，目前以联邦数据库为代表的绝大多数研究都属于此类，THOMAS WOMELDORFFT 将数据组织划分为数据组织、事务组织及操作组织三种类型（COHEN and PETRANK，2015；CAMERON et al.，2015）。数据组织的基础是数据的标准化处理（SINGER et al.，2011）。

3.1.1.3　实体数据组织的方式

按照数据组织层次的不同，可将关于数据组织方式的研究概括为以下三种：①以数据为对象的数据组织；②以数据服务为目标的系统组织；③以语义网格为对象的知识组织。国内研究中，数据资源组织包括多种类型、多种层次、多种方式的组织，可以从不同角度划分。马文峰和张虎（2022）的研究提出，组织的方式有：①汇合式，数字信息量的综合与合并。②组合式，对相关数据库内的数据对象去除重复信息的组织。③重组式，对资源分解并按逻辑关系重组成立状体、相互关联的知识系统。④一体化综合式，在不同的数字资源系统间建立多维度关联。

综上所述，可归纳为两个层面的组织：一个是数据组织，数据在物理或逻辑上的合并，包括借助相关软件和遵从有关检索协议；另一个是知识组织，侧重于概念和关系的重组，主要指基于知识本体的知识组织。近年来，语义网技术不断发展，利用本体来解决异构信息中语义异构问题得到了越来越多的应用，基于语义和本体的知识集成方式成为资源组织的研究热点（许晓萍，2021）。

3.1.1.4　实体数据组织的特征

农业数据的典型特征表现在同时具有农业专业属性：学科交叉、类型复杂、数量庞大、数据形式复杂。农业科学数据的来源主要包含三类：归口国家财政计划资金项目支持的农业科学数据；政府相关管理机构强制性汇交的农业科学数据；广大农业科技工作者在工作中产生的海量农业科学数据。目前数据量级已达 TB 甚至 PB 级别，且还在不断增加。数据资源并非孤立存在，而是相互关联的。对农业科学数据的管护不仅是数据本身，还包括对内部关联的管护。农业科学数据的特点是分散、海量、异源、异构（王朋伟等，2020；朱昱光等，2017）。

（1）分散

数据来源零散。这些数据分散在政府部门、科研院所或者高等院校，多年来因为尚未实现共享，因此并未得到很好的利用，更多的数据散落在各科研团队。

（2）海量

农业科学数据呈指数发展态势地增长，计量级别已达 TB 或者 PB，并且还在持续增长中。

（3）异源

种类繁多庞杂，数据源来自各大学科领域，数据涉及面广，包括农林业、畜牧养殖业、水产、微生物、区域规划数据等。

（4）异构

不同类别与结构的数据。异构还有一层含义：由于对数据描述的标准不同、元数据标准不同，在数据集基础之上更加增添了数据的异构性特征。

另外，关于数据组织的特性可概括为以下三点：

（1）数据集成性

数据组织的首要目的是集成分散、孤立的数据资源。数据资源的获取由遍历所有的分散式获取到在一个入口处即可一次性获得。因此，丰富的数据资源是数据组织的基础。

（2）数据规范性

由于数据组织的数据来源复杂，数据组织需要将来源各异的数据进行统一。因此，需要对数据来源进行规范化定义，使其按照规范的格式要求提供和传递数据。采用元数据管理系统可以对数据采集、录入、使用等进行规范。

（3）数据可定义性

数据组织过程中，各类规则的建立和处理方式随着数据的不同、研究目的的不同、规范要求的改变，需要进行可变的管理。因此，数据组织的技术操作具有自定义性，能够应研究需求进行规则定义和处理方式的改变。

3.1.1.5 实体数据的组织实例

以国家农业科学数据中心组织的科学数据汇交工作的数据组织为例，国家科技基础资源调查专项"中国南方草地牧草资源调查项目"于 2017 年立项，项目牵头承担单位为中国热带农业科学院热带作物品种资源研究所。项目研究内容包括制定我国南方草地牧草资源调查规范，调查我国南方草地牧草资源，采集牧草种质资源实物、分布信息、草种资源图片等基础资源，分析草种资源养分数据，编撰出版《中国南方牧草志》，编写《中国南方草地牧草资源调查报告》和构建南方草地牧草资源数据库和信息共享平台。

（1）顶层文件夹的设置

"2017FY100600" 是国家科技基础资源调查专项的项目编号，由于项目名称长度不一、符号不一等问题，因此使用项目编号命名。创建一个名为 "2017FY100600" 的顶层文件夹，如图 3-1 所示。

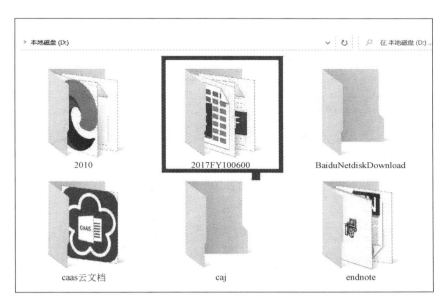

图 3-1　顶层文件夹的设置界面

顶层文件夹下包含 "论文 Paper" "软件 Software" "数据集 Dataset" 三个子文件夹，同时系统自动生成两个文件——"项目数据汇交工作方案 DataDeliver"（PDF 格式）、"元数据 MetaData"（Excel 格式），如图 3-2 所示。

（2）三个子文件夹组织设置

1）"数据集 Dataset" 文件夹下是以元数据标识命名的子文件夹，每个元数据文件夹下，包含 "数据 Data" "缩略图 Thumbnail" "文档 Document" 三个子文件夹，分别存放数据相关、数据文档相关及缩略图，如图 3-3 所示。

"数据 Data" 文件夹放置实体数据、元数据以及数据说明文档（TXT 格式），如图 3-4 所示。

"缩略图 Thumbnail" 文件夹下放置相关的数据图集、Thumbnail 说明（TXT 格式）及元数据的缩略图。系统根据用户在线上传的缩略图，自动放置到对应元数据文件夹下的 "缩略图 Thumbnail" 文件夹下，如图 3-5 所示。

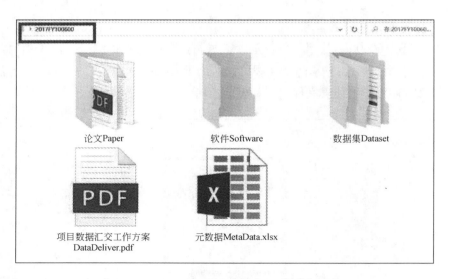

图 3-2　顶层文件夹包含的 5 个数据材料界面

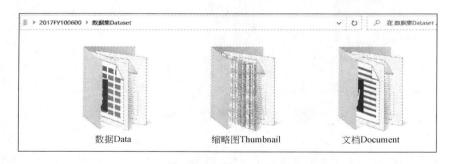

图 3-3　"数据集 Dataset" 文件夹内层设置界面

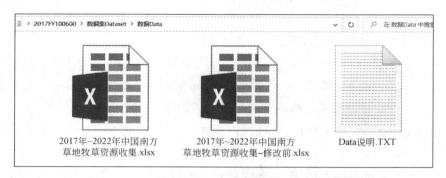

图 3-4　"数据 Data" 文件夹下的内层设置界面

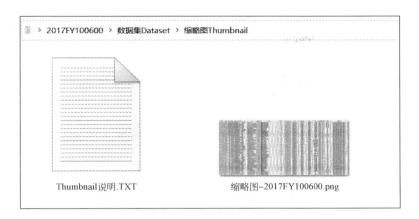

图 3-5　"缩略图 Thumbnail"文件夹下的内层设置界面

"文档 Document"文件夹下放置相关数据文档说明（TXT 格式），如图 3-6 所示。

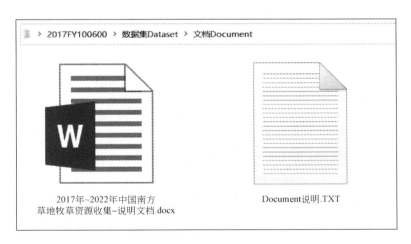

图 3-6　"文档 Document"文件夹下的内层设置界面

2）"论文 Paper"文件夹下放置论文、专著的电子文件（PDF 格式）及 "PaperList. TXT"，如图 3-7 所示。

"PaperList. TXT"文件记录专著、论文的清单，格式参照中华人民共和国国家标准《文后参考文献著录规则》（GB/T 7714—2005）执行。格式简要说明如下：①论文：作者（超过三位作者用等表示）．论文标题．期刊名．年，卷

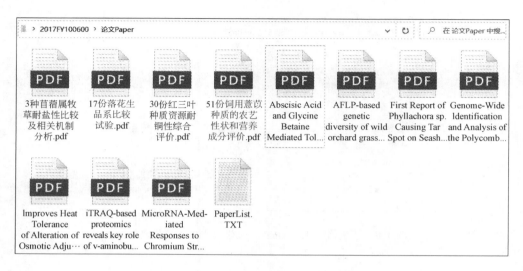

图 3-7 "论文 Paper"文件夹下的内容界面

（期）：页码．[DOI 号]；②专著：作者．专著标题．出版社地点：出版社名称．年份；③专著、论文文件名称只能包含汉字、英文、数字，不能包含特殊符号，且不能超过 30 个汉字长度。

3）"Software"文件夹下，放置辅助的工具软件，如图 3-8 所示。

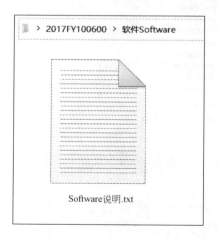

图 3-8 "软件 Software"文件夹下的内容界面

每个子文件夹下，放置对应的软件工具执行程序或安装程序及其软件工具手册。子文件夹及软件工具的名称只能包含汉字、英文、数字，不能包含特殊符号，不能超过 30 个汉字长度。"软件工具手册"应说明软件工具的运行、安装环境、初始化设置，以及软件工具的操作步骤及注意事项。

3.1.2　实体数据的存储

实体数据存储一般是指对数据流在加工过程中产生的临时文件或加工过程中需要查找的数据加以保存。数据以某种格式记录在计算机内部或外部存储介质上。数据存储要通过命名反映数据特征的组成含义。数据流反映了系统中流动的数据，表现出动态数据的特征；数据存储反映系统中静止的数据，表现出静态数据的特征（徐小卫和杨亚洲，2022）。

3.1.2.1　实体数据的存储内容

当前，数据科学迅猛发展，网络技术、云存储、区块链、多媒体数字化信息技术等计算机技术已广泛运用于农业科学研究领域。基于农业领域的学科特点，结合数据学科、情报学科、生物基因组学等交叉学科领域特点，对农业科学数据进行组织、处理分析及科学存储。早期的农业科学数据信息库建立在文献资料的数据库基础上，文献机构进行整合，统一管理，并在学科服务方面做出相关的数据服务。在数据库存储方面，文献资料机构库的存储最为有效，结合了数据库技术、文献计量技术等，随着农业现代信息技术的飞速发展，农业科学数据的共享在文献机构库中得到了较好的应用。农业科学领域所涵盖的各个学科领域，各个科研方向都或多或少地建立了属于本领域的数据库，符合数据信息环境的发展。但是与此同时，问题已经出现，农业有关各个领域都在建立自己的数据库，缺乏统一构建、统一部署、统一管理。每个单位、研究部门都采取自行汇交数据，自行整合分析加工数据，遇到需要求助其他领域的数据，习惯通过个人私交去处理，难以形成共享机制。而其数据基本也仅供内部人员使用，外部人员一来不知道他们建立了自己的数据库，即便知道了在系统平台注册登录，因为自身权限不够可能获取不到想要的数据。另外，自行建立的数据库、机构知识库一般规模不大，投入资金也有限，所发挥作用不大，且后期的维护也难以得到有效保障。

农业科学数据是国家科技战略资源，为满足开放共享和数据安全的要求，国家农业科学数据中心采用不同的策略进行实体数据的存储，分别为长期保存的数据仓储、开放共享的公有云及分布式存储，以及核心数据的物理隔离集中保存。

（1）长期保存

遵循数据的生命周期，对数据进行长期保存。科学技术部在农业领域启动实施了 11 个专项，主要围绕种植业、畜牧业、渔业等重要农产品供给、食品加工、智能农机、宜居村镇等领域布局，采用数据汇交加工系统对数据加以存储。该系统是国家重点研发计划项目产出的科学数据汇交平台，存储着项目基本信息和科学数据的实体数据及元数据。对 2016 年 1 月至 2019 年 12 月立项实施的农业及涉农领域 22 个专项、369 个项目信息（包括项目基本信息及其对应的数据资源信息）进行提取、转换、清洗等预处理，剔除异常值，修复错误信息，筛选出 380 个项目作为研究样本，建立了样本数据集，主要包含 380 个项目的基本描述表和汇交的科学数据描述表（涵盖 16602 个数据集、31.39TB 的数据量、1.3 亿条记录）。

（2）开放共享

国家农业科学数据中心对于开放共享的数据实体采用了公有云及分布式保存的方式。中心通过所在的中国农业科学院网络中心服务器直接向外部用户，即学科领域中心提供数据存储服务。公有云的存储方式，如图 3-9 所示。

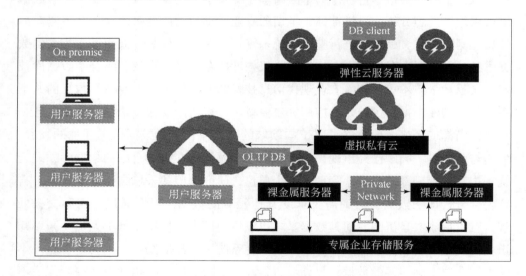

图 3-9　公有云的存储方式

国家农业科学数据中心在对数据进行管理及开放共享的同时，采用分布式存储方式保存数据，将数据分散存储在多台独立的设备上。传统的网络存储系统采用集中的存储服务器存放所有数据，存储服务器成为系统性能的瓶颈，也是可靠性和安全性的焦点，不能满足大规模存储应用的需求。分布式网络存储系统采用可扩展的系统结构，利用多台存储服务器分担存储负荷，利用位置服务器定位存储信息，它不但提高了系统的可靠性、可用性和存取效率，还易于扩展（图 3-10）。

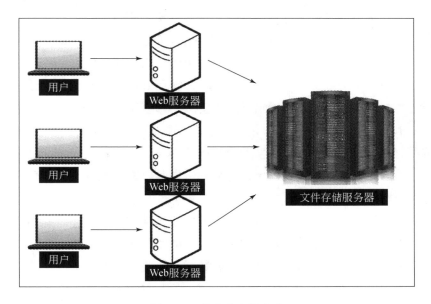

图 3-10　分布式存储方式

（3）核心数据的保存

国家农业科学数据中心对于核心数据的保存采用物理方法将内网与外网隔离的技术手段，从而避免入侵或信息泄露的风险。物理隔离主要用来解决网络安全问题，尤其是在那些需要绝对保证安全的保密网。专网和特种网络与互联网进行连接时，为了防止来自互联网的攻击和保证这些高安全性网络的保密性、安全性、完整性、防抵赖和高可用性，对于已经采用了物理隔离的核心数据进行集中保存。

3.1.2.2　实体数据的存储管理

随着科研进入"第四范式"时代，如何存储、管理、共享数据成为全球科学家关注的热点。但是，科学数据依然稀缺，共享不是"拷 U 盘"。随着技术手段的发展，近年来涌现了一大批新型的科学数据保存形式：数据出版、数据论文、提交研究论文数据到公共平台、利用数据管理软件进行数据保存和管理（高昆鹏，2022）。

对于科学数据保存，传统上大家把数据保存在计算机或笔记本电脑上，现在还可保存在网盘上，或者使用云存储。还有其他问题：对于个人，用完的数据基本上没有再用的可能性，弃之可惜，食之无味，增加管理的负担；对于团队，数据分散在个人手中，随着人员的离开，容易造成数据的丢失。因此，普遍存在数据不规范的问题。规范的数据要按照产品的理念要求管理保存，必须分类分级：分类，可按研究方向或者学科进行；分级，可按照数据加工的程度，分为原始数据、质控数据、整编（补插）数据及衍生数据（研究论文中应用的数据）。

需要保存的数据至少包括原始数据、质控数据、插补数据。原始数据是监测、观测直接获得的数据，或者实验、化验等得到的数据；质控数据是通过一定的规则，检查原始数据后发现的错误；插补数据是以特定的方法，修改或填补错误数据后形成的数据。

为更好地管理观测站点科学数据，国家农业科学数据中心在充分调研需求的基础上，开发了观测实验站数据管理系统。观测实验站数据管理系统旨在满足观测站点的定位监测数据、野外采集的试验数据、实验室仪器设备数据，以及生产工作安排产生的数据，保存到数据系统，并实现对数据进行统一管理储存的需求。观测实验站数据管理系统对项目立项、项目审核、数据集建立、数据、业务、人员、设备等多方位进行管理，并对数据进行结构化处理，同时为用户提供数据导出功能。该系统基于 ASP. NET 的 B/S 架构开发，使用 RoadFlow 工作流引擎。RoadFlow 工作流引擎是在基于第三方 Java Script Library 库的基础上进行二次开发的可视化流程设计器；客户端框架采用 JQuery 为基础的 RoadUI；全浏览器支持；数据库使用微软 SQL Server 2012 或以上版本；可扩展的缓存设计，支持 Net、Memcached、Redis 等多种缓存方式。

观测实验站数据管理系统的主要特点包括将项目、数据集、数据、人员、设备等结合，形成完整的项目数据；角色设计多样、权限菜单自由设置；流程灵活可配置，可视化的流程设计器使流程从设计到运行都可采用图形化展现；表单自由设计，动态设置审批步骤等；通过系统可实现数据的一键汇交。系统可以为实验观测站的业务数据和科学数据管理提供强大的保障与支撑能力。系统界面及情景模式如图 3-11 ~ 图 3-13 所示。

图 3-11 观测实验站数据管理系统界面

图 3-12 观测实验站数据管理系统 OA 情景模式界面

3.1.2.3 实体数据存储的常见问题

在实体数据存储过程中，会有一些常见的问题。例如，几年前使用的读取软件现在已停止服务，旧版本的软件不再支持使用，导致过去使用该软件读取的数据无法处理；数据的存储工具发生物理损坏，硬盘丢失、坏损导致的数据遗失；

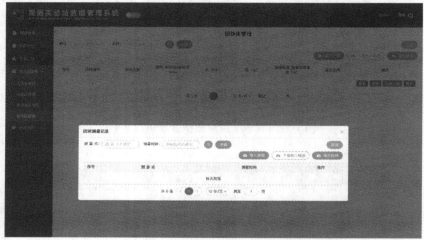

图 3-13　观测实验站数据管理系统 MIS 情景模式界面

等等。以上都是科研、学习、生活中常见的数据存储的问题，应如何一一解决，亟需科研人员、数据专家及学者给出答案。

3.2　实体数据的检查

实体数据的检查在科学研究活动处于非常重要的环节。实体数据服务于科研工作者，其生命周期与科研工作流程紧密相关。从现有文献来看，根据研究内容的不同，数据生命周期各阶段划分略有不同，大致可分为数据计划、数据获取（生产）、数据加工、数据存储、数据共享利用五个阶段。杨传汶和徐坤（2015）在此基础上增加了实体数据检查后的更新阶段，并提出了基于科研动态的数据服务，如协助制订数据计划、设计元数据、提供保存工具、提供领域专家信息、提供数据检索服务、数据评价交流和协助数据更新完善等。夏义堃和管茜（2021）从学科特性和学术伦理角度出发，认为应从基础层（政策标准、基础设施、数据能力、资金保证）、流程控制层（数据管理计划、采集、组织、保存、共享利用）和主体层（资助机构、研究机构、出版商、数据平台）三个层面对生命数据进行检查。数据质量的检查与治理，是数据治理的主要内容之一；数据质量的全面检查，是数据质量治理的准绳，两者相辅相成，缺一不可。

3.2.1 实体数据的检查要求

实体数据规模庞大、增长快速，但质量参差不齐，主要表现为数据重复保存、数据丢失、分类不合理、缺少相关质量说明文档等。原始数据由项目团队保存，而项目团队往往缺乏管理意识，造成数据质量降低。例如，研究人员根据自身经验创建元数据，会出现元数据冗余、丢失、编码错误、前后不一致、版本混乱等问题。因此要保障数据的质量，就要遵循以下数据检查原则。

实体数据的检查是保证数据应用的基础，它的检查标准主要包括五个方面：完整性、唯一性、一致性、准确性、及时性。检查数据是否达到预期设定的质量要求，一般由此来进行判断（李国才，2020）。

3.2.1.1 数据完整性

完整性指的是数据信息是否存在缺失的状况，数据缺失的情况可能是整个数据记录缺失，也可能是数据中某个字段信息的记录缺失。不完整数据的价值会大大降低，因此数据完整性也是数据质量最为基础的一项评估标准。

数据质量的完整性较容易进行评估，一般可以通过数据统计中的记录值和唯一值进行评估。例如，在科技数据汇交时，数据管理方给出元数据列表，汇交方根据列表进行数据汇交，管理方依照元数据列表，很容易发现数据是否完整。

3.2.1.2 数据唯一性

数据唯一性同样比较容易理解，即有没有重复的数据。这个其实和数据完整性是相对的。数据完整性关注的是数据少没少，数据唯一性看的是数据多没多。例如，农业科学观测数据共计 1 万条，但数据表有 3000 条为重复数据，数据为 1

万条记录便不准确，不符合数据唯一性的定义。

3.2.1.3 数据一致性

一致性是指数据是否遵循了统一的规范，数据集合是否保持了统一的格式。数据质量的一致性主要体现在数据记录的规范和数据是否符合逻辑（胡振宇等，2020）。规范指的是，一项数据存在它特定的格式，如经纬度数据，是一种利用三度空间的球面来定义地球上的空间的球面坐标系统，能够标示地球上的任何一个位置。再如，手机号码一定是 11 位的数字，IP 地址一定是由 4 个 0 到 255 间的数字组成。逻辑指的是，多项数据间存在着固定的逻辑关系，如网页页面点击量数据一定是大于等于 IP 地址访问量。

3.2.1.4 数据准确性

准确性是指数据记录的信息是否存在异常或错误。存在准确性问题的数据不仅仅只是规则上的不一致，最为常见的数据准确性错误如乱码，其次是异常的大或者小的数据也是不符合条件的数据。数据质量的准确性可能存在于个别记录，也可能存在于整个数据集，如数量级记录错误。这类错误可以使用最大值和最小值的统计量去审核。

在海量的原始信息中，不可避免地存在着一些假的信息，只有认真、科学地筛选和判别，才能确保数据的准确性。例如，在物联网数字果园平台中，传感器采集数据，但是显示温度为 100 摄氏度，很显然不符合常理，虽说是传感器采集，并没人工干预，但也不能保证数据的准确性。

3.2.1.5 数据及时性

数据的及时性是指数据从采集到可以查看的时间间隔，主要是为了满足数据的时效性。及时性对于数据分析本身要求并不高，但如果数据分析周期加上数据建立的时间过长，就可能导致分析得出的结论失去了借鉴意义。

综上所述，实体数据的检查是影响科学数据利用、共享的关键性因素之一。以农业科学数据为例，农业科学数据由于其内容的广阔性、结构的复杂性，数据检查尤为重要。针对农业科学数据的特点，国家农业科学数据中心根据以上原则制定了农业科学数据检查的规范。农业科学数据质量应从定量与非定量标准两方面进行检查。以长期定位观测的气象数据为例，2021 年上报到国家农业科学数据总中心的是 2020 年的数据，2022 年上报 2021 年的，以此类推。那么总中心整合数据时，土壤类、疫病类数据是 2021 年的，而气象数据是 2020 年，时空无法重合，则无法满足数据的及时性要求。

3.2.2　实体数据检查实例

目前，常见的检查内容项包括（以表格数据为例）：①文件名、扩展名是否正确；②文件格式是否正确；③字段是否正确，量纲是否准确、规范；④内容是否完整；⑤内容是否真实、准确。

常见的检查技术包括文本清洗（指标检验和近似判定）、用于指标或内容的验证。数据验证（基于规则的验证和基于知识的验证），特别是在包含衍生数据的时候，可以是正则表达式或者规则集，以及数据插补调整。

国家农业科学数据中心接受科技项目牵头承担单位提交的科学数据后，通过一审、二审，并组织同行评议后，由项目管理方进行终审，确定科技项目牵头承担单位提交的科学数据实体是否能通过检查。如果通过终审，国家农业科学数据中心出具审查报告，并为科技项目牵头承担单位颁发科学数据汇交凭证。科学数据汇交凭证是科技项目牵头承担单位项目组向科技发展中心提交项目结项申请的必备材料。

1）完整与规范性：包括数据文件是否完整，数据组织是否规范以及数据命名是否规范。

2）一致性：即检查汇交方案、元数据表、数据实体、数据文档与数据的描述是否一致。

3）数据质量：包括文件能否正确读取、数据内容是否有重大缺失、数据的准确性与精度、是否满足相关数据质量规范的要求。

3.2.3　实体数据的检查内容

实体数据检查是控制实体数据质量的重要环节，是从数据综合应用的角度考虑，对信息和数据的采集、存储、处理、利用和共享全生命周期进行全面的考察与检查，从而提高实体数据的质量，为数据利用提供更有利、更坚实的基础。

3.2.3.1　数据质量检查维度

通过国内外文献调研发现，研究人员主要从数据质量深度和广度出发，构建数据质量检查体系，从而对数据质量进行检查。数据质量深度关注数据质量本身，如准确性、完整性、一致性等，而广度则考虑数据所处环境产生的质量。综合来看，构建检查体系的维度可细分为以下几个角度，分别是数据产品维度、数据平台维度、数据用户维度、数据生命周期维度。

（1）数据生命周期维度

随着学者们对数据质量检查认知的不断深入，他们发现影响数据质量的因素贯穿于数据生命周期全过程，因此不管是数据产品维度还是数据用户维度，检查都较为片面，不够准确。所以，更多研究人员试图以数据生命流程或周期，或是其中的某一阶段——以数据存储阶段为主作为研究视角，对数据质量进行检查。LEVITIN 和 REDMAN 提出的数据质量生命周期，包括数据生产、存储、检索和使用四个阶段，强调数据质量问题，添加了质量检测点（罗乐等，2016）。CHEN 等从数据收集、数据利用和数据本身三个维度构建了农业领域数据质量检查模型（丁梦苏和陈世敏，2017）。江洪和王春晓（2020）基于科学数据生命周期管理的各个阶段，构建了由五个维度构成的科学数据质量检查指标体系，分别是数据管理计划、数据收集管理、数据分析与加工管理、数据保存管理和数据共享利用管理。但该视角目前存在一些问题，通过该方法虽能实现数据的全方位检查，但各阶段相对独立，难以实现数据质量的可追踪，对后期数据质量控制产生一定难度。除此之外，社科领域，以图书情报学科为主，试图从数据存储阶段，以数据期刊评议指南为切入点，对科学数据质量进行检查。

（2）数据产品维度

早期科学研究受数据产品质量影响，认为数据质量即为准确性，只有正确和错误之分，是单维度概念，定义较为狭义。随着研究的深入，学者们发现数据和产品相似，其质量受多因素影响，是多维度概念，并试图从数据产品视角对数据质量进行检查。美国国家统计科学研究所认为数据作为产品，拥有质量，这个质量来自于数据生产的过程。而且，该视角下构建的检查体系多考虑数据生产者的利益，关注数据本身的价值，但往往忽略用户质量需求。简单来说，一个精品数据集可以称之为数据产品。

（3）数据平台维度

数据平台维度实质是从数据质量广度出发，从数据管理者角度考虑，探讨系统或平台对数据质量的影响。例如，齐艺兰（2014）基于数据产品化的管理思想，构建了检查 ERP 系统数据质量检查体系；张涛等（2012）对区域卫生信息平台数据质量问题进行了分析，并给出相应的解决措施；张静蓓和任树怀（2016）从数据知识库视角出发，提出了当前数据知识库在数据质量控制存在的问题，以及数据知识库对科学数据质量的影响；刘桂锋等（2022）通过对比国际组织开放政府数据评估项目，结合科研数据开放平台的特点与实例，构建了科研数据开放平台的评估指标框架体系，以期提高平台数据的质量。但考虑到该视角多以系统或平台为检查对象，数据粒度较大，并以结果质量，如以可访问质量作为主要关注点，检查结果往往不具有准确性和可靠性。

（4）数据用户维度

麻省理工学院（MIT）提出的数据质量概念被广大学者接受，他们认为高质量的数据应能满足数据使用者的需求。因此，学者们从用户需求出发，寻求检查数据质量的方法。杨青云（2018）从用户需求出发，提出了一个定量的科学数据质量检查模型。王今等（2022）以用户满意度为切入点，构建政府开放数据质量指标检查体系。由此可知，用户视角构建的检查体系是以数据使用者需求为核心，进行指标的选择和确定，关注数据的结果，较少关注数据价值。

3.2.3.2 数据检查工具及实例

随着对科学数据认识的深入，数据检查内容也在不断改变和更新。这些内容主要包括数据本身质量、元数据质量、开放度、开放平台、相关组织等。而这些数据元素的质量都会直接或间接地影响数据使用情况，是数据审核检查内容不可或缺的一部分。其中，数据所处背景常与其他要素一同进行检查。

以农业数据为例，依照农业学科领域的数据特点以及科技计划项目要求，国家农业科学数据中心建立了基于全生命周期的数据质量控制体系，确保汇交来的实体数据科学、权威。首先，明确了汇交单位的数据采集与数据库（集）建设流程；其次，建立由数据生产者、领域专家与农业专业人员构成的科学数据质量控制审核检查工作组，对科学数据进行定期或不定期质量检查或抽查，形成良好的数据质量控制环境；最后，建立领域科学数据专家评审制度，定期组建质量检查专家组，进行集中、封闭式数据质量审查，并及时进行数据质量审查意见反馈，促使农业科学数据质量管控工作专业有序、持续高效，确保汇交的农业数据涵盖完整性、一致性、数据质量和数据说明文档等方面，形成完善的数据检查体系。

国家农业科学数据中心开发了科技项目科学数据汇交系统,细化了《科技计划项目科学数据汇交工作方案(试用)》的各项内容,用于数据汇交计划和汇交数据的提交、审核、检查、跟进、反馈和审批。农业数据汇交采取"线上+线下"的方式,数据计划与数据实体的检查采取人机结合的方式,提高了实体数据审核检查效率和准确率,为科技计划项目数据汇交提供强大的保障与支撑。该系统含有数据质量自查模块,用于对农业数据汇交内容进行自查,自查合格后,方可进行上报。

国家农业科学数据中心重点开发了科技计划项目科学数据汇交审核系统实体数据检查工具软件,为科技计划项目科学数据汇交审核系统的线下实体数据审核工作提供支撑,提高了实体数据审核的准确性和效率。该软件主要提供给服务专员使用,辅助完成实体数据的审核检查工作。服务专员选择要审核的实体数据所在路径后,对所选路径及其子文件夹下的所有文件夹和文件进行扫描,统计出文件夹个数、文件个数、文件类型数、各类型文件数,列出所有 EXCEL 文件并统计 EXCEL 文件数据量等。当服务专员在数据实体审核阶段对实体数据筛选后,可以使用此工具对实体数据进行检查,检查结束后得到 EXCEL 文件格式的检查结果表。由此提高服务专员对各项目实体数据的统计效率和准确率,缩短汇交数据审核周期。

科技计划项目科学数据汇交审核系统实体数据检查工具软件操作界面如图 3-14 所示。

界面从上到下依次分为三部分:实体数据目录、检查结果、检查日志。点击"选择实体数据目录"按钮,从弹出的文件选择弹窗里选择要检查的实体数据所在的文件夹,然后点击文件选择弹窗里的确定按钮,或者双击选中的文件夹确认选择。确认选择文件夹后实体数据检查工具将自动开始对选中的文件夹进行扫描。扫描过程中会在"日志"区域中展示扫描到的所有类型的文件。扫描结束后会在"输出结果"区域中展示统计结果,包括文件夹个数、文件数、文件类型统计结果、生成的详细结果保存路径等,并会自动打开生成的 EXCEL 格式的详细统计结果,包括各类型文件数、所有 EXCEL 文件、各 EXCEL 文件数据量等。详细的统计表中包含文件夹数、文件数、文件类型数、EXCEL 文件数、各文件类型及其统计数、各 EXCEL 文件及其数据量等,如图 3-15 和图 3-16 所示。

如图 3-17 和图 3-18 所示,科技计划项目申报单位在数据提交后,由国家农

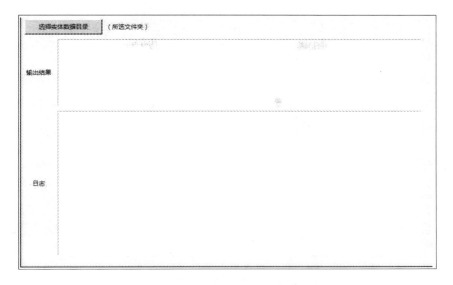

图 3-14　科技计划项目科学数据汇交审核系统实体数据检查工具软件操作界面

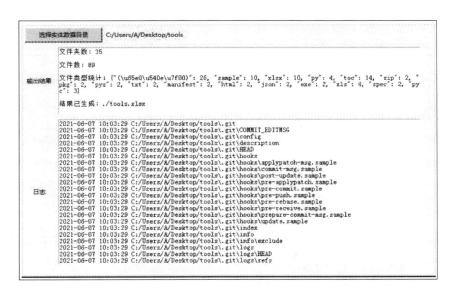

图 3-15　检查结果实例界面

业科学数据中心的数据审核检查。

　　数据集取名应规范，名称需要包括年份、地点、主题三个必要元素，并且要

图 3-16　生成的 EXCEL 统计表实例界面

图 3-17　实体数据的检查结果界面

含有特殊字母，方便数据进一步查找、重用及共享。在检查上报的实体数据时，要包括数据说明，尤其是对数据进行处理的说明。每个 SHEET 页要有标题或者表头，行头与列头都禁止使用简写字母以免出现混淆。对于数据要充分、科学写好情况说明。这是数据共享利用过程中重要的一个步骤。

3.2.3.3　实体数据检查流程

实体数据的检查流程是依据数据汇交方案，对项目汇交的数据实体及说明文档/软件工具进行审核，主要是从完整性与规范性、一致性等形式审查，以及邀请本领域专家进行质量审核，并将审核意见及时反馈给项目组，项目组根据意见对汇交数据进行修改补充。这个过程一般会经历初审、复审、终审至少三次循环过程，每次均会由一位审查者和一位复核者进行两级审查数据中心审查通过后报送到数据汇交管理机构进行审核，审核通过后将数据备份至管理机构，同时由管理机构开具数据汇交验收证明，这样项目组即可开展项目验收准备。

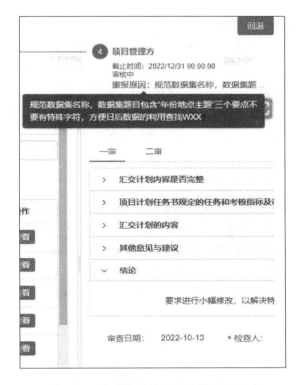

图 3-18 实体数据的检查结果反馈界面

国家农业科学数据中心接收到科技项目科学数据汇交计划后，通过比对项目任务书的相关内容，主要是研究内容、考核指标及创新点三个部分，确定科技项目科学数据汇交计划是否合格。通过一审、二审和终审，审查合格后，通知科技项目牵头承担单位，并报项目管理方审批。获得批准后的科技项目牵头承担单位可以进行数据实体的整编、质量自查。

3.3 实体数据的加工

数据加工是我国农业数据应用环境正在不断加强的一类服务，数据加工处理指的是利用农业科学研究应用环境中的数据处理软硬件资源，针对用户的需求，对有关数据进行加工或分析处理，并将得到的数据加工产品或分析处理结果以合适的方式提供给用户的服务。通过这类服务，可以减轻用户在本地数据处理软硬件资源上的时间、资金投入，从而可以更加关注科学研究问题本身。

数据资源采集加工过程中，数据库承建单位应采用基础科学数据共享网项目发布的有关标准规范，以及相关的国家标准、国际标准、学科领域标准规范或其应用方案，完成对采集加工工作的组织管理、制订数据规约，规划数据资源加工流程，并严格贯彻实施，保质保量完成数据采集加工任务。对科学数据资源采集加工工作的要求包括多个方面：人员操作规范，设备要求，数据采集、录入、筛选清理、预处理、处理加工、审核与更新等流程，是科学数据资源高质量建设的有效保障。

3.3.1　实体数据加工的内涵

实体数据是农业数据的根本。数据的真实、准确和规范，关系到科学数据的可重复生产和可重复利用性。为了提高科学数据的可用性，进行实体数据加工就是数据加工的最重要的、最基础的环节，具有十分重要的意义。

实体数据就是承载数据项的文件。农业科学数据文件格式众多，据国家农业科学数据中心统计，常用的文件格式有 20 多种，有文本数据文件如 *.txt、*.dat、*.csv，*.html、*.json、*.xlsx、*.docx 等，二进制的文件 *.bmp、*.shp 等。农业科学数据文件中的数据的组织，一般有时序数据、空间数据、数值数据、文本数据；农业科学数据的结构（载体），常见的有表格、图形图像、Web 等。

实体数据加工可以简单到用 EXCEL 表求和、平均值、标准差、方差、同比/环比的变动率等。数据产品具有增值的普遍特征。作为数据产品，必须是经过实质性加工、具有智力投入的成果。有的数据虽然表达形式变化了，但由于没有进行实质性加工和智力投入，并未有效提高数据资源的信息量，也不能称之为数据资源加工。以作物种质资源为例，数据加工在作物种质资源大数据体系中起着非常重要的作用，它把杂乱无章的数据通过加工、抽象，最终生成有用的知识。数据加工过程可分为数据采集、预处理、存储、分析和可视化等 5 个阶段。在数据采集阶段，可采集的作物种质资源数据有作物表型数据、基因型数据、环境数据、作物种质资源基础性工作数据、社会学基础数据及文献数据等。作物种质资源数据来源多样、结构复杂，因此在预处理阶段需要统一各个数据源的数据格式、去除冗余并进行数据单位的转换等工作。由于数据量特别庞大，必须进行分布式数据存储以便于业务需求处理和分析。在作物种质资源数据分析中，常用到的分析方法有关联分析、聚类分析、主成分分析、机器学习等。最后以图表、文字、语音或视频等形式展现给用户，进而完成从作物种质资源数据到知识的转变。在本节中，数据加工不同于数据生命周期，数据加工强调了数据到信息到知识这一转变过程，数据生命周期的重点不在于区分数据、信息和知识之间的差别，而在于数据的产生、使用和消亡的时间序列。数据加工只与数据生命周期的使用环节有联系。在大数据体系中，数据不应被随意销毁，因为随着技术的发展，在当前认为无意义的数据有可能被新的技术挖掘出有价值的知识。

3.3.2　实体数据加工的一般原则

实体数据加工一般原则通常分为五点：统筹规划、重点突出与注重基础、数据的使用需求导向、前瞻性与科学性、延续性。

（1）统一领导，统筹规划

数据资源采集加工工作应在数据库牵头建设单位的领导下，统一决策，同一数据库范围内工作方法应统一，技术指标应统一，从而达成数据产品的一致性。

（2）突出重点，注重基础

数据资源的内容选择应在突出重点和注重基础两者之前取得平衡。数据库承建单位应根据当前具备的工作基础以及国内外相关数据库建设情况，确定所承建数据资源的特点和重点内容，对重点内容加以重视，适当提高质量规格。同时，数据库承建单位应注重基础性和共性数据的建设，确保所承建数据资源的广度，提升所承建数据资源的通用性、易用性，保证数据资源具有一定的用户范围。

（3）需求导向、务求实效

确定资源采集的内容和范围时，既要考虑数据资源单位的数据资源特点，以及工作的复杂、难易程度，不能选取太多，过于复杂不便实际使用；又要充分满足资源建设，以及用户的查询、使用数据的需要，不能过于简单。数据资源建设工作应当切实以用户需求为导向，以应用为目标，做真正用户需要的数据，而不是盲目地扩大数据内容范围和提升技术指标。

（4）前瞻性、科学性

资源采集加工的内容不但要满足现阶段科学数据资源的使用需求，更应该考虑将来一定时间内由于科技快速发展等原因可能产生的数据资源应用需求，这样建立的数据资源才会更有生命力。确定数据资源采集范围时，可以积极采用国内和国外先进标准。

（5）延续性

对于连续采集数据，数据采集加工的内容应在一定时间范围内具有较好的延续性，使数据资源建设的内容相对保持稳定，增加数据的时间可比性。数据资源采集加工的内容确定应相对慎重，不断地增删数据内容，对数据资源积累形成信息造成很大的负面影响。

3.3.3 农业科学数据加工流程

农业科学数据资源是科技活动或通过其他方式所获取到的反映客观世界本质、特征、变化规律等的原始基本数据，以及根据不同科技活动需要，进行系统加工整理的各类数据集，用于支撑科研活动的科学数据的集合。规范的采集加工业务流程是保障科学数据资源质量最重要和关键的环节。数据库承建单位应对数据资源采集加工过程进行策划，以需求为导向，对数据采集加工工作的过程方法进行设计，确定有效和高效实现数据加工目标所必需的过程、每个过程应该遵循的技术与规范，以及为达成数据采集加工目标所必需的过程输入输出规格要求。过程策划的输入可以包括但不限于以下方面：用户和其他相关方的需求和期望；对数据资源特性的评估；对服务过程特性的评估等。

实体数据加工的目的是整合数据，促进数据重用，引导知识发现和创新。科学有效的数据加工可以提高数字出版物的质量，简化数据发现、评估、重用的过程。英国数据存储中心（UK data archive，UKDA）作为实体数据加工与重用研究实践的先驱，针对数据收集、数据清理、数据录入、数据保存和数据访问等方面建立了一系列管理标准。澳大利亚统计局（Australian Bureau of Statistics，ABS）与政府、研究机构及企业合作，整合社会、经济和环境数据集，并构建了五个安全框架进行数据管理。实体数据加工是研究热点，我国学者在借鉴国外先进经验的基础上，结合学科领域数据共享需求，提出了实体数据加工的政策建议。农业科学数据与农业科技活动紧密相关，数据采集、保存、利用都需具备一定的专业素养，因此需要有效的数据管理机构（科学数据中心）进行加工处理。

以国家农业科学数据中心为例，数据加工操作流程可简要分为四个环节：①数据中心在数据总中心协助下，依据农业科技工作要求，结合重点任务设计数据监测任务的表单；②根据任务书中的监测时间，定期或不定期给实验站发送监测任务，并指定任务的审核专家；③实验站接收到任务，在线填报数据并提交给领域专家审核；④领域专家将通过审核的数据提交给数据总中心，由总中心数据工程师最终审核后入库保存。领域专家或数据工程师任何审核环节未通过，数据将返回给填报人修改后重新提交，具体流程如图 3-19 所示。

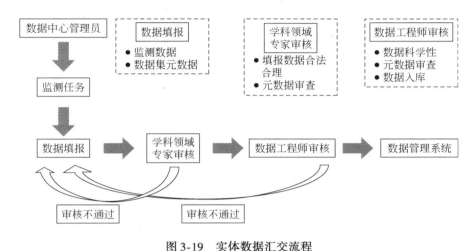

图 3-19　实体数据汇交流程

3.3.4　实体数据的分级加工

实体数据的分级体系需以农业长期观测数据产品的特征与相互之间客观存在的逻辑关系为依据，结构清晰，并考虑农业长期观测数据管理理论、方法和技术等方面的发展。分类分级体系适用范围需考虑现有的农业长期观测数据产品，为各种观测数据产品的分类分级提供直接指导。类别和级别的划分需简洁明确、易于操作，并能够为各类用户所接受与使用。分类分级规则需确保未来一定时期内出现新的数据产品和新的类别、级别时，能够基于分类分级规则进行延拓和细化。

3.3.4.1　0 级产品

0 级产品为原始数据，包括在野外直接通过仪器设备自动采集并转化后形成的可读的数值数据或可识别的图像、数字化的人工观测记录数据与野外调查记录数据，以及实验室测定的数据，或者是卫星地面站直接接收到的、未经处理的原始数据。产生原始数据的方法包括卫星接收数据、物联网设备获取的数据等。

0 级产品包括数据产品及对应的数据生产文件。

3.3.4.2　1 级产品

1 级产品为质量控制数据产品，为基于 0 级产品经筛选、规范化处理、质量检查（如异常值、无效数据标注）后得到的数据产品。通过相应的质量控制文件，将有问题的数据标出并且按照规定文件说明问题依据。达到 1 级产品的数据产品可以清晰地看出问题数据且可追溯、定位错误原因。

1 级产品包括数据产品及对应的质量控制文件。

3.3.4.3　2 级产品

2 级产品为基础加工数据产品，为 1 级产品经过插补或计算得到的各种产品数据。2 级产品的数据采集空间范围、观测频度与 1 级产品一致。2 级产品的计算仅限定于生成某些观测指标，如模型法生物量、水分特征曲线等。通过相应的质量控制方法或者插补方法，进行修正，如出现空值数据，修正并同时标出修正的方法依据；将错误的数据更正，并标明更正依据。

2 级产品包括数据产品及对应的插补方法。

3.3.4.4　3 级产品

3 级产品为尺度推绎数据产品，为利用 1 级产品或 2 级产品进行尺度上推所产生的数据产品，包括时间尺度的推绎数据产品（如从小时、日尺度数据到月、年尺度数据）和空间尺度的推绎数据产品（如从样方数据到样地、群落数据）。

3 级产品包括数据产品及对应的衍生规则。

3.3.4.5　4 级产品

4 级产品为融合分析数据产品，为基于 1 级产品、2 级产品或 3 级产品，采用模型计算、融合处理等深度加工所产生的数据产品。以一个 EXCEL 表格数据为例，每一个表格中的数值都可追溯，以及每一行、每一列如何测出来。

4 级产品包括融合数据及对应的融合规则。

关于数据级别划分：农业观测数据产品根据其加工、处理程度的不同归为 0～3 级产品；农业服务功能数据产品直接归为 4 级产品。数据产品级别编码使用代码长度定长 2 位的字母数字代码，首位为"级别"的英文名称"Level"的大写首字母"L"，第二位为阿拉伯数字（表3-1）。

表 3-1　0～4 级产品说明

代码	级别	名称
L0	0 级	原始数据
L1	1 级	质量控制数据产品
L2	2 级	基础加工数据产品
L3	3 级	尺度推绎数据产品
L4	4 级	融合分析数据产品

3.3.5　实体数据加工产品实例

以农业遥感卫星数据为例，农业遥感卫星搭载的探测传感器种类繁多，按工作波段可以分为可见光、红外、微波和激光传感器等，按应用领域又可分为陆地、海洋、气象三大类。因此，按照农业遥感卫星数据产品的生产加工环节，农业遥感卫星数据产品可分为初级产品、高级产品和专题产品。农业遥感卫星数据加工产品是指卫星下传的原始码流数据经过一系列自动化、系统化处理而生成的数据产品。具体可以分为以下几种：

（1）0 级产品

农业遥感卫星对地面地物观测后的数据，经过压缩并按照一定的传输格式打包传送到地面，地面系统首先需要对原始数据进行格式整理、解压缩、辅助数据解析操作，恢复成原始的测量数据，形成 0 级产品。0 级产品是其他各级产品的基础。

（2）1 级产品

对 0 级产品进行均一化相对辐射校正、瑞利散射校正、调制传递函数补偿等处理，消除 0 级产品上的条纹、噪声，并进行传感器校正后的产品称为 1 级产品。

（3）2 级产品

根据卫星观测时的 GPS 位置、姿态等辅助数据，对 1 级产品进行系统级的几何校正，从而将观测数据与地面位置联系起来，使得观测数据有了位置信息，形成 2 级产品。

4 | 数据关联融合

农业科学数据是我国的重要资源。科研人员在研究过程中产生了大量的农业科学数据，但跨部门的科学数据交流能力、知识服务能力和关联能力不足，农业科学数据还存在跨领域、存储异构和类目描述不一致等问题，不利于农业科学数据的共享和利用。数据关联是解决科学数据之间、科学数据与科技文献之间兼容问题的关键技术，帮助分散领域、异构数据之间建立连接。同时随着多传感器的发展，多源数据具有对目标描述全面、数据互补的特点，经过融合后的信息，比单独使用某一数据源决策在可信度和模型的抗干扰能力方面变得更强。

4.1　农业科学数据的关联

科学数据作为重要的科研成果，通过数据关联可增加数据的复用性和创新性，通过关联数据、实体识别、唯一标识符、数据文章及特殊文章类型等方式，并利用针对性的资源描述和组织操作可以实现科学数据与文献或科学数据之间的关联。

4.1.1　关联数据

关联数据使用统一资源标识符 URI（Uniform Resource Identifier）命名，采用统一的资源描述框架（Resource Description Framework，RDF），以三元组的形式对资源进行结构化描述，数据之间使用 RDF 链接相互连接，为人类进行信息资源共享、重用和发现提供了新机会。关联数据可以将发布在网上的农业科学数据建立关联，将原来没关联的相关数据连接起来，并且使用关联数据可以提高农业科学数据的语义检索服务，得到更有意义的检索结果。

4.1.1.1　关联数据概念

2006 年，万维网创始人伯纳斯首次提出发展数据网络的思想，指出数据网络的核心和关键是关联数据。在 2007 年，BIZER 在发布的 *How to Publish Linked Data on the Web* 一文中，将关联数据定义为：一种在万维网上发布和链接结构化数据的方式，即关联数据是利用万维网来创建不同数据源之间的语义链接。维基百科给出了关联数据简明的定义：关联数据是一种推荐的最佳实践，用来在语义网中使用 URI 和 RDF 发布、分享、连接各类数据、信息和知识。通俗地说，关联数据是一系列利用网络在不同数据源之间创建语义关联的最佳实践方法，其最大的特点是将不同数据关联起来。关联数据可以是任何有意义的数据，以 HTTP URI（URL）的方式标识指向一个数据对象，而不是一个文档，以 RDF 格式给出数据对象的描述（图 4-1）。URI 地址决定了数据对象的唯一性和可关联性，RDF 格式决定了数据对象的结构化和一致性（王薇，2013）。

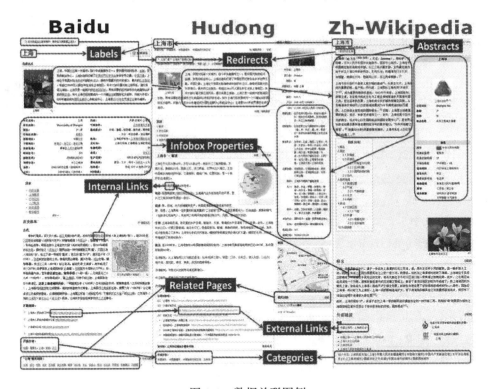

图 4-1 数据关联图例

目前，关联数据是解决海量信息由于离散隔离和缺乏语义而难以被计算机智能处理的问题的有效手段，也是实现海量、异构信息的精细化揭示、深度集成和知识组织的有效途径。

4.1.1.2 关联数据的支撑技术

为基于现有网络以最小代价来构建关联数据，关联数据继承了互联网的两项支撑技术，即统一资源定位符（Uniform Resource Locator，URL）和超文本传输协议（HTTP）。关联数据还采用万维网联盟推荐的资源描述框架（RDF）对网络上的任意类型资源进行组织、描述和交互。

（1）资源描述框架（RDF）

资源描述框架（RDF），早在 2004 年就成为万维网联盟（W3C）的推荐标准。RDF 作为 XML 的一种衍生版本，是关联数据的基本数据模型。它明确规定了描述网络信息资源，以及资源间语义关系的模型和语法，通过统一资源定位符（URL）来标识资源，同时采用属性及其属性值来描述资源。

RDF 有以下特点：①使用 XML 作为基本语言；②使用 URL 作为实现事务的名字；③使用 HTTP URL 使人们知道如何通过名字在网络中寻找数据（即创建离散数据入口）；④包含与其他 URL 的联系，使人们可以通过其找到更多有用的东西（即创建离散数据出口）；⑤使用三元组形式存储数据。RDF 数据模型由资源、属性和陈述三种对象组成。其中，资源是所有可用 RDF 陈述描述的事物；属性是描述资源的概念、特征或关系；陈述是由资源（主语 Subject）、资源属性（谓词 Predicate）和属性取值（宾语 Object）构成的三元组。通常情况下，主语和谓语都要用唯一标识符 HTTP URL 来表示，而宾语则可是字符串表示的文本，也可用 HTTP URL 标识另一个资源。

（2）统一资源标识符（URI）

Web 上可用的每种资源（如网页、图片、科研机构）、片段等由一个通用资源标识符（URI）进行定位。URI 包含了多个<scheme>，URL 是 scheme＝http 的 URI，是 URI 的子集。URI 格式由 URI 协议名（如 http、ftp、mailto、file）、冒号和协议对应的内容所构成，具体 URI 的格式：[协议名]：// [用户名]：[密码] @ [服务器地址]：[服务器端口号] / [路径]？[查询字符串] # [片段 ID]。该种标识允许用户对任何（包括本地和互联网）的资源通过特定的协议进行交互操作。

（3）HTTP 内容协商机制

HTTP 协议提供的内容协商机制是指，HTTP 客户端向服务器发送请求时，可以在每个 HTTP 请求头中指定 HTML 或 RDF 的形式进行内容呈现，服务器根据解析请求信息，选择相应的响应方式。在 Web 上发布关联数据，有两种方式：一种是支持 HTTP 的内容协商机制，它可以根据客户端请求的信息类型（文本/html 或应用/rdf+xml）决定是返回 HTML 还是 RDF 表示；第二个是支持使用"#"号（hash）的 URL 来定位 RDF 中的特定数据资源。当内容协商机制遇到非信息资源的访问请求时，其过程如下：客户端通过 HTTP Get（Accept 标头文件：text/html 或 application/rdf+xml）发出请求，当识别非信息资源的唯一标识符被解析时，服务端将向客户端发送重定向指令，并提供指向描述该非信息资源的信息资源 URL。客户端将基于新的 URL 再次发出请求，服务器再次响应并按客户端希望呈现的方式返回相关内容。

4.1.1.3 关联数据构建的原则与流程

（1）构建关联数据的基本原则

LEE 在《关联数据的设计问题》一文中提出了创建关联数据应坚持的四项基本原则：①使用 URI 作为标识，包括网络上任何事物或资源；②使用 HTTP URI 让任何人都可以访问这些标识，在网络环境下，数据能够通过 HTTP 协议访问，真正实现基于 Web 的访问与互联；③使用 RDF（SPARQL）标准提供有用的信息，为用户提供更多有价值的关联资源，显著提高资源的利用率；④主动提供相关资源的 URI 语义链接，有助于用户发现和利用更多的网络信息资源。这四条原则提供了在遵从统一的网络结构和标准的前提下发布和链接数据的基本方法，符合"最少设计"原则。这些原则并未对资源对象的内部组织机制、关联解析机制和系统调用接口等提出具体要求，人们可通过多种方式实现关联检索。因此，关联数据也是一种普适、轻量和低成本的数据关联机制。

（2）构建关联数据的一般流程

关联数据在现有 Web 技术基础上，遵循上述四个基本原则而开展网络实践。构建关联数据的流程一般包括需求分析、关联模型构建、实体命名、实体 RDF 化、实体关联化、实体发布、评估完善等七个步骤（鲜国建等，2013）。

1）需求分析：分析构建关联数据信息资源的类型、更新频率、规范化程度、数据规模和应用场景。

2）关联模型构建：根据上一步的需求分析结果，继承和重用现有的通用词集或本体模型，并自行设计 RDF 词列表，对要发布的各种资源实体及其语义关联关系进行标准化和定义。

3）实体命名：为每个实体建立稳定、可访问、可解析的唯一标识符 HTTP URI（Cool URI）生成机制。

4）实体 RDF 化：使用 RDF 规范化和结构化每个对象实体及其属性的语义描述，生成计算机能够理解的描述实例。

5）实体关联化：使用 RDF 描述各种实体对象之间的关联，并尽可能多地建立与外部数据源的关联，从而使数据集具有跨实体发现的能力。

6）实体发布：部署关联数据发布服务器，提供关联数据服务，并根据内容协商机制返回正确的网页描述和 RDF 描述；配置 SPARQL 服务器（SPARQL endpoint），开放 SPARQL 语义查询接口，方便远程调用本地数据。

7）评估完善：根据构建的关联数据在揭示资源及其关联关系方面的显示效果、运行性能和用户反馈，进一步对语义关联模型和语义关联的广度及深度进行调整、优化与改进。

上述步骤中，实体 RDF 化和关联化是实现关联数据的关键环节。首先，要采用规范形式（RDF）来描述资源对象的内部结构及其语义关系，描述的深度取决于对象本身的内容深度及其元数据格式的丰富程度，描述的结果是基于元数据格式转换的 RDF 数据；其次，要在资源描述信息中建立与其他资源对象的关联描述，与其他对象的关联关系则需要根据不同的关联种类来分析和确定关联模型，这是属于整个流程中最富有挑战性的工作，只有建立了这种关联描述机制，所创建和发布的才是真正的关联数据。可采用自动或半自动的方法，创建不同数据集数据之间的关联，并在源对象和目标对象发生变化时保持关联信息的及时动态更新。

4.1.2　实体识别

实体识别（entity identification）是一种信息提取技术，能有效获取到关键信息，广泛应用于关系抽取、机器翻译、知识库构建、自动问答、网络搜索及知识图谱构建等领域（李冬梅等，2022），在数据关联中也经常会使用。主要目的就是从文本数据中获取如人名、地名、机构名、时间等实体数据。实体识别也是数据清洗的一种，可以对数据库中元组是否指代同一实体进行判别，以此达到去除冗余、消解不一致的数据清洗效果（莎仁等，2020）。在特定领域命名实体识别中，命名实体的类型和含义通常需要根据实际情况来定义，如在农业领域中需要识别作物名、品种名、化学药剂、营养成分、病虫害名称等。我国是一个农业大国，农业科技水平的高度发展使得农业信息化的水平逐步提高，为了给农业从业者提供较为全面实用的信息化服务，专家们致力于农业问答系统、农业领域知识图谱、农业信息抽取与检索等方面的探索。这些研究都需要丰富的农业语义知识作为支撑，而农业命名实体识别则可以为其提供重要且高质量的农业语义知识（刘晓俊，2019）。

由于农业实体的特殊性，农业领域命名实体识别存在诸多困难：①农业领域缺少带有标注的命名实体识别语料的公开，而且和一般的命名实体识别一样，不断有新的命名实体增加，需要专业知识才能正确识别，因此需要算法具有极强的语义推断能力，根据上下文来识别新增的实体。②农业命名实体往往有很多别称，如红薯的别称就有地瓜、山药、甜薯等，而山药又和怀山药同一命名，使得命名实体识别难度增大。③相同的词或者短语出现在不同的上下文，可能代表不同的实体，如水果"苹果"和手机"苹果"，就需要根据上下文来识别实体所属类型。④除了命名实体类型的识别，需要注意命名实体的边界识别，但农业命名实体会存在嵌套类型的实体很难确定实体边界，如"落叶松八齿小蠹"是一种昆虫类实体，由于它内部嵌套了"落叶松"这个命名实体，那么识别的结果就很有可能是"落叶松"和"八齿小蠹"两个实体。⑤在农作物领域，有些生僻词汇或是有些农作物名称的缩写、别名等也有可能是命名实体识别过程中会遇到的问题。

4.1.2.1 命名实体识别的方法

对于命名实体识别的任务而言，主要的方法包括三类：基于规则和词典的方法、基于统计机器学习的方法和基于深度学习的方法。

（1）基于规则和词典的方法

对于基于规则和词典的方法而言，是指通过人工的方法去构建有限的规则，基于此再从文本中获取出符合这些规则的字符串。基于规则和词典的方法可以利用相关语言特性或特定领域知识来制定规则，在特定的语料库中该类方法具有较好的识别效果，但是人工成本较高。

（2）基于统计机器学习的方法

对于基于统计机器学习的方法而言，命名实体识别被当作是序列标注问题。

与分类问题相比，序列标注问题中当前的预测标签不仅与当前的输入特征相关，还与之前的预测标签相关，即预测标签序列之间是有强相互依赖关系的。通常是先确定好命名实体的类别，而后通过某些对应模型的使用，从而去进行对文本中出现的实体进行分类。这种方法可以在一定程度上克服基于规则和词典方法的局限性，包括有监督学习、半监督学习和无监督学习（李冬梅等，2022）。典型的基于统计机器学习的实体识别技术有隐马尔可夫模型（Hidden Markov Model，HMM）、最大熵马尔可夫模型（Maximum Entropy Markov Model，MEMM）、支持向量机（Support Vector Machine，SVM）模型、条件随机场（Conditional Random Fields，CRF）模型。四种基于统计机器学习的实体识别技术对比见表4-1（江千军等，2022）。

表4-1　基于统计机器学习的实体识别技术对比

模型	优势	不足
隐马尔可夫模型	适合小数据集，训练效率较高	不能考虑上下文的特征
最大熵马尔可夫模型	特征设计灵活，解决了 HMM 输出独立性的问题	局部归一化，标签偏置
支持向量机模型	算法简单，有较好的鲁棒性	对参数和核函数选择要求高
条件随机场模型	可利用上下文信息，全局归一化求得最优解	收敛速度慢、复杂度高

（3）基于深度学习的方法

随着深度学习的不断发展，命名实体识别的研究重点已转向深层神经网络，该技术几乎不需要特征工程和领域知识（陈曙东和欧阳小叶，2020）。

基于深度学习的命名实体识别方法，共分为4步（Li Jing，2022）：①预处理后的输入序列（sequence）；将输入序列转换成固定长度的向量表示（word embedding）；将词嵌入进行语义编码（context encoder）；进一步进行标签解码（tag decoder）。

基于深度学习的命名实体识别方法相对于传统方法主要优势在于：①深度学习技术拥有强大的非线性转化能力、向量表示能力和计算能力；②深度学习无须复杂的特征工程，能够学习高维潜在语义信息；③深度学习模型是端到端的，避免了误差传递的问题（郑洪浩等，2021）。

4.1.2.2　基于关联数据的命名实体识别

关联数据中包含了大量的命名实体，并且关联数据中的命名实体具有预先分类、数据覆盖领域广、语种丰富、属性描述丰富及不同实体间语义关系相互关联等特点。因此，基于关联数据进行命名实体识别能够充分发挥关联数据的优势，有效解决现有命名实体识别方法的问题，为跨领域和多语种命名实体识别提供新的思路（刘晓娟等，2019）。

4.1.3　时空状态识别

农业生产受时间和空间的影响较大，因此在农业科学数据采集时，时间和空间是必须包含的选项，在进行时间和空间的抽取时，与实体识别相同，一般采用基于规则的识别方法、基于统计识别的方法和机器识别的方法。同时，在数据采集加工时，时间和空间的表示也应该参考一定的标准，为后期的识别提取提供便利。

4.1.3.1　时间的表示和数据加工

《孟子·梁惠王上》中说："不违农时，谷不可胜食也。"每种农作物都有一定的农耕季节和一定的耕作时间。马克思在《资本论》中说："在农业上，没有比时间因素更为重要的因素了。"农业生产是自然再生产过程，受旱、涝、风、寒等天气变化影响极大，必须顺应自然规律，不违背农时进行耕作。因此，掌握好农时，对夺取农业丰收、促进农村发展至关重要（王永厚，2003）。

在自然语言处理领域，文本中的时间信息也是众多任务所依赖的重要属性之一。挖掘文本中时间信息可以来时序推理和定位事件的发生时间和先后顺序，时间信息的抽取、理解及因果关系推理在文本理解中占有很重要的位置。时间的识别属于实体识别的分支。国际上最早的标注规范 TIMEX2 由美国国家技术标准局制定，后来被 ACE 所采用。随后，TIMEX3 在 TIMEX2 的基础上进行了修改，增加对时间类别的标注，规定了五类时间表达式：①时间名词，如今天、星期一等；②时间名词短语，如今天早上、星期五晚上等；③时间形容词，如现在、目前等；④时间副词：如最近等；⑤时间形容词或副词短语，如一小时前、两天后等。

从语言学角度考虑，时间表达式相对规范，无论是表达式的用字还是内部词性构成，都有规律可循。因此，基于规则的识别方法识别性能通常比较好，不过也存在编写规则耗时，可移植性差等问题。目前，不少学者通过基于规则方法和基于统计方法的融合来实现时间表达式的识别（刘莉，2012）。

在农业科学数据中，时间出现的频率很高，又考虑到农业的特殊性，因此在农业科学数据采集和整理时，需要按照一定的标准对时间进行描述和加工，以下为常用的时间表示。

（1）世纪、年代、年、月、日、时刻的表示

1）世纪、年代、年、月、日、时刻均用阿拉伯数字表示，如，"19 世纪""80 年代""2009 年 2 月 5 日"。一般年份用 4 位数字，月份和日都用 2 位数字表示，不足 2 位补 0，也可以写成"20090515"；时、分、秒均用 2 位数字表示，不足 2 位补 0，如"20 时 16 分 5 秒"，也可写作"20：16：05"。如果只需说明"时"，可写为"20：00"。

2）日期与时刻的组合的标准化格式为：年-月-日 T 时：分：秒。例如，"2009 年 5 月 15 日 20 时 16 分 5 秒"可以表示为"2009-05-15T20：16：05"；有特定起点和终点的时间段的表示方法是在起点和终点间加一字线如"2000—2003 年""2008-11-30—12-05""2002-01-01—2013-12-31""2009-05-31T20：16：05-06—01T20：10：05"。

（2）时间作为物理量时的表示

1）时间作为物理量时，其量值必须使用阿拉伯数字，后面应给出时间的法定计量单位。有国际符号的不要用汉字，一律使用单位的国际符号，如"10s（秒）""15min（分钟）""24h（小时）""2d（天）"。周、月、年（年的符号为 a，周、月无国际符号）为一般常用时间单位。

2）相邻两个数字并列连用或带"几"的数字表示时间量值概数时必须使用汉字，且连用的两个数字之间不得加顿号，如"二三十年""十几分钟""六七天"。

3）书写时间的量值范围时，中间用"～"连接。如果前后两个量的单位相同，前者可不写单位，如"15～20d""5～10.5h""10～10h30min"。

4）要注意区分时间计量与时刻的表示。例如，不能把"20 时 16 分 5 秒开始发射"写成"20h16min5s 开始发射"，应为"20：16：05 开始发射"；反之也不得用表示时刻的符号来表示时间计量，如不能将"历时 2 小时 15 分 6 秒"写成"历时 02：15：06"，应为"历时 2h15min6s"；更不能将年的计量单位符号"a"放在年份后，如"2004a"的错误，应将年份变为"历时 2004 年"（乔旭霞，2009）。

4.1.3.2 空间的表示和数据加工

《晏子春秋·杂下之六》中说，"橘生淮南则为橘，生于淮北则为枳"，农业生产受地理位置、地形、气候等自然条件的影响较大。因此，在农业科学研究中，地理空间信息的抽取是一项重要的课题。地理空间信息是对客观存在的地理空间对象的属性、时间、空间等特征，以及地理空间对象之间的事件及关系的描述。空间信息抽取主要是通过一定的技术将自然语言描述的非结构化的空间信息抽取处理，如空间命名实体及属性，以及空间实体间的关系等。空间命名实体主要包括自然地理命名实体，如平原、山川、湖泊等，也包括人文地理命名实体，如行政区划、试验田地点、实验室地点和各类建筑地点等。地名和机构名是农业科学数据中最常见的空间命名实体，另外也常常会用经纬度表示。

空间实体识别主要包括三种方法：基于地名辞典的方法、基于规则的方法、基于机器学习的方法（闫梦宇等，2019）。

（1）基于地名辞典的方法

地名辞典可以定义为：地理空间中地理名称的辞典。辞典中还包括这些地理名称的地理位置和其他的相关信息。地名辞典一般包括三个元素：地理名称、地理位置、地名分类（黄松等，2006）。常用地名辞典有：GeoName、OSM、GNS等。地理实体识别工具的使用能协助提示地理辞典的准确性，常用的工具有地理标记工具 OpenCalais、CLAVIN，以及一些自然语言处理工具包 OpenNLP、GATE、LingPipe、ICTCLAS 等。

（2）基于规则的方法与统计方法的结合

基于规则的方法选用特征包括统计信息、标点符号、指示词等，通过对每个规则赋予权重，由权值判断命名实体是否为地理实体。由于地名的复杂性，基于规则的方法通常作为辅助手段配合其他技术方法使用，并且随着时间发展，逐渐向统计方法倾斜。

（3）基于机器学习的方法

相较于基于特征模板的统计模型，深度学习方法不再需要人工编写特征模板，方法简单易泛化。机器学习方法有条件随机场、循环神经网络、层叠条件随机场模型、层叠隐马尔科夫模型、最大熵模型、最大间隔马尔科夫模型、支持向量机等，其中条件随机场（CRF）因具有良好的识别率而被广泛使用。

在农业科学数据采集和加工时，为了更好地进行空间信息识别，数据的表达要遵循一定的标准和规范，如《中国地名录》《中华人民共和国地名大词典》《基础地理信息标准数据基本规定》等；也可以参考使用编码标准，通过编码解析进行空间识别，如《中华人民共和国行政区划代码》（GB/T 2260—2007）、《城市市政综合监管信息系统地理编码》（CJ/T 215—2005）、《基础地理信息要素分类与代码》（GB/T 13923—2022）、《地名分类与类别代码编制规则》（GB/T 18521—2001）、《世界各国和地区名称代码》（GB/T 2659—2000）、《县级以下行政区划代码编制规则》（GB/T 10114—2003）、《地理实体空间数据规范》（GB/T 37118—2018）等；还可以注明地理坐标来明确确定测量点的位置。

4.1.4 实例：大豆加工贸易企业数据关联

大豆贸易是我国农产品贸易的重要组成部分，其在拥有一般商品贸易特性的同时，更影响着我国人民生活的稳定。大豆加工贸易企业作为连接国外大豆贸易商与国内大豆消费者的桥梁，对农产品贸易具有重要作用，其作为大豆产业链的重要环节，也是构成我国经济的重要成分。对大豆加工贸易企业进行海关风险评估研究，对维护我国农产品贸易安全及国内经济平稳具有重要意义。现阶段，海关风险管理工作仍依靠人工调取数据，并通过绘制图表来描述风险趋势的模式，与海关风险智能化管理目标仍存在一定距离（金瑾等，2020），急需通过智能化手段得出企业自身和企业间的关联关系及风险判别。

4.1.4.1 确定企业海关风险评估指标体系

采用文献分析法和专家咨询法构建原始指标体系。通过整理已有海关风险评估相关文献得到了 61 个风险评估指标，在此基础上咨询海关专家意见，对指标科学性进行分析和筛选，同时考虑企业指标数据的可获取性和可量化性，去除全部难以获取的企业内部指标，最终得到 26 个指标，并将其划分为 7 个维度，得到企业海关风险评估原始指标体系。其分别为企业所在地区、经营时间、注册资本、分支机构、对外投资、人员规模、股东、高管、经营异常、行政处罚、欠税与税收违法、环保处罚、抽查检查异常率、股权出质、动产抵押、企业清算、司法拍卖、变更记录、商标、专利、作品著作权、软件著作权、网站、法律诉讼被告人、被执行人以及失信信息（表4-2）。

表 4-2　原始企业海关风险评估指标体系

指标维度	指标	指标含义
基本信息	所在地区	按经济区域划分为东部、中部、西部和东北四大地区
	经营时间	企业于工商管理局注册登记年份到如今年份时长（年）
企业规模	注册资本	企业在银行政管理机关登记的资本总额
	分支机构	企业分公司和办事处数量
	对外投资	企业以现金、无形资产或购买股票、债券等方式投资的单位数量
人员情况	人员规模	分为"小于50人""50～99人""100～199人"等多个等级
	股东	持有企业股份的人或机构数量
	高管	企业高层管理者人数
工商税务	经营异常	企业因未按期公示年度报告、工商部门要求公示的企业信息、弄虚作假、瞒报真实信息，以及无法联系经营场所等原因而被列入经营异常
	行政处罚	企业因违反行政法而被行政制裁次数
	欠税与税收违法	企业拖欠税款、税收违法次数
	环保处罚	企业违反环境保护法被处罚次数
	抽查检查异常率	对企业公示信息、生产经营活动的抽查检查中发现违法违规次数占总抽查次数的比例
经营状况	股权出质	企业将股权作为融资担保方式进行质押
	动产抵押	企业以动产不移转占有而供担保的抵押形式
	企业清算	企业由于破产、被吊销或其他原因终止经营后，对企业的财产、债权、债务进行清查，并收取债权，清偿债务和分配剩余财产
	司法拍卖	由人民法院按程序公开处理债务人的财产，以清偿债权人债权
	变更记录	企业发生法定代表人变更、主要人员变更、名称变更、投资人变更、注册资本变更、出资情况变更等情况
创新能力	商标	企业申请注册通过的商标数量
	专利	企业所拥有的专利权数量
	作品著作权	企业作品版权数量
	软件著作权	企业软件系统数量
	网站	企业运营网站数量
司法信息	法律诉讼被告人	企业作为法律诉讼被告人次数
	被执行人	企业作为法律诉讼被告人被执行次数
	失信信息	企业作为被执行人所产生的失信记录

4.1.4.2　构建大豆加工贸易企业海关风险评估模型

根据初始的评估指标体系，确定所需数据内容和信息采集源，从公开信息源通过网络爬虫采集所需数据，根据数据特点，利用随机森林算法进一步筛选对大豆加工贸易企业海关风险评估结果有重要影响的指标。将样本随机划分为训练集和测试集，采用 SMOTE 算法对训练集重采样以平衡不同类别样本数量，并通过朴素贝叶斯、Adaboost 及 SVM 三种算法分别对原始训练集和重采样后的训练集进行学习，对比分析结果模型效果，最终确定大豆加工贸易企业海关风险评估模型。

4.1.4.3　企业关键信息实体识别

建立企业关联关系，需要对企业关键数据进行实体识别，利用直接提取、统计分析和大豆加工贸易企业海关风险评估模型进行关键信息识别，包括企业名称、所在地区、注册日期、注册资本、员工规模、专利、商标、作品著作权、软件著作权、网站、清算信息、动产抵押、股权出质、司法拍卖、经营变更、欠税及税收违法、经营异常、抽查检查异常、环保处罚、法律诉讼被告人、被执行人、失信信息等。

4.1.4.4　企业内部关系关联

社会经济的不断发展使得企业数量爆发式增长，企业和企业关键人员（如投资人、主要管理人员）等主体之间存在着大量且复杂的关联关系，包括企业人员关系、投资关系和分支隶属关系等。当某些主体出现风险行为，其海关监管风险提高时，与其密切联系的企业主体产生风险的概率也随之增加。

基于实体识别结果，对企业基本属性、规模属性、人员属性、创新能力、司法属性、工商税务属性、经营状况等进行统计分析。根据股东、高管、分支机构以及对外投资信息对企业进行关联分析，建立企业之间的关系网络图。以中储粮油脂有限公司为例，构建的企业关系图如图 4-2 所示。通过企业关系图可以更高效地分析和利用大豆加工贸易企业间的关联关系，发现企业是否与高风险企业主体密切相关，辅助判断大豆加工贸易企业海关监管风险。

4.1.4.5　企业间关系关联

以中储粮油脂有限公司和东莞显发食品有限公司为例。中储粮油脂有限公司

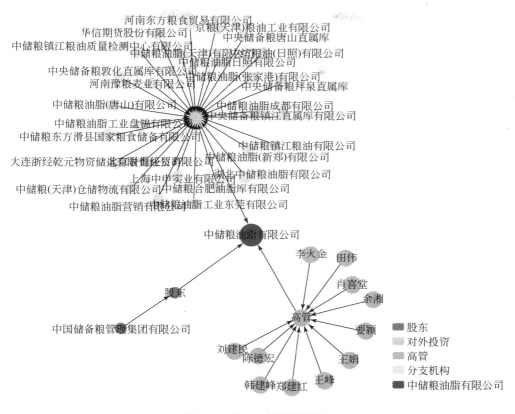

图 4-2 企业内部关系关联

的注册资金为 58 757.82 万人民币，注册地区为北京市石景山区，员工规模为 100 ~ 499 人；企业拥有 7 个专利，77 个已注册商标信息，3 个作品著作权；企业只有 1 个股东控股，内部 11 个高管，对外投资 35 个机构；企业经营变更信息为 10，其他均无相关信息。根据企业数据情况，经 SMOTE+Adaboost 模型计算预测企业的海关风险，得到企业为高级认证企业，企业为低风险，展示为绿色。东莞显发食品有限公司的注册资金为 800 万人民币，注册地区为广东省东莞市，员工规模少于 50 人；企业只有 1 个股东控股，内部 2 个高管，无对外投资机构和分支机构；企业有过 3 次行政处罚记录，1 次环保处罚记录；企业经营变更信息为 9，其他均无相关信息。根据企业情况，经计算得到企业为一般信用及失信企业，企业为高风险，展示为红色（图 4-3）。经过实体识别，内容更具针对性，可以帮助海关实现立体监管、精准监管。

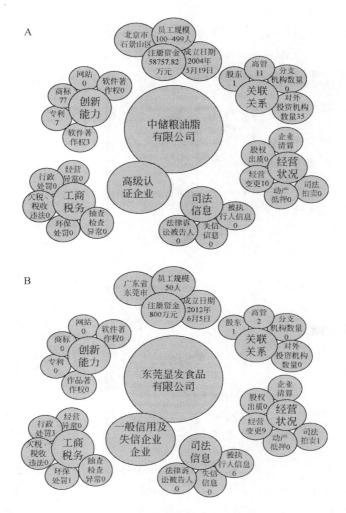

图 4-3　企业间关系图及企业画像

4.2　农业科技资源标识

人类社会的发展史就是一个标识代码的发展史，万物互联时代，万物都需要有自己的"身份证"，都需要有自己的身份编码。身份标识是构建数字世界规则的基础。例如，为了保持身份唯一性，在不改变姓名的同时实现护照号码全球唯一，各国按照全球规则自行分配；IP 地址难以记忆和书写，域名简短好记，

ICANN 负责分配和协调全球唯一的 IP 和域名；另外医疗行业通过电子健康码，可实现异地健康数据、体检数据、诊疗数据等的共享，由卫生部门统一规划分配。对于农业科学数据而言，通过科技资源标识，结合科技资源标识制度标准和解析技术，可实现数据的可发现、可定位、可追溯、可引用、可统计与可评价，并且通过数据互联，有效解决各专业及行业间的"数据烟囱""数据壁垒"问题，提高资源利用效率。

目前，美国、欧盟等国家（地区）都在加快推进科技资源标识符的研究与制定工作。美国出版协会已经制定了数据对象唯一标识符（DOI）标准，对网络环境下的各种信息资源实体进行了标识，目前已在多个国家建立了注册机构。为规范化管理科技资源，加强我国科技资源共享利用诚信体系建设，避免美国 DOI 体系垄断，我国也有必要尽快制定相关标准，对各类科技资源进行统一标识，实现在网络环境下对数值对象的准确提取与引用。2016 年起，我国先后出台了国家标准《科技资源标识》（GB/T 32843—2016）、《信息技术　科学数据引用》（GB/T 35294—2017）与政策文件《国家科技资源共享服务平台管理办法》，从制度层面上，规范了国家科技资源共享服务平台管理，推进科技资源向社会开放共享，提高资源利用效率（王姝等，2019；孙艳艳等，2020）。在技术层面，通过引入数据资源标识服务，结合标识体系的异构解析技术，实现在不破坏已有信息基础设施的基础上，借助成熟的平台服务架构，逐步提升科技资源的管理效果（刘佳等，2020）。

4.2.1　国际主流标识技术

目前，用于科技资源管理的标识服务国际主流技术主要包括 Handle 标识系统（Handle 10 根的 DOI，Handle21 根的 PID）、国际标准关联标识符（International Standard Link Identifier，ISLI）、对象标识符（Object Identifier，OID）和科技资源标识（China Science and Technology Resource Identification，CSTR）等（表4-3）。

（1）DOI

DOI 是"digital object identifier"，即数字对象标识符的英文缩写，由美国出版商协会（AAP）在 1998 年创立的非营利组织——国际 DOI 基金会（IDF）管理和运行的，随着信息技术和互联网的发展，DOI 目前已在国际出版界得到广泛推广应用。自 DOI 系统正式诞生以来，全世界已分配 DOI 超过 1 亿个。目前在全球有 7 个注册中心，超过 300 个下属机构。DOI 最常见的应用方法，是用来标识科技期刊论文，在数字期刊、电子图书、数字化保存和图像处理等多个领域中都具有十分广泛的应用（郭晓峰等，2015；刘佳等，2020）。

表 4-3　不同表示体系的特点

标识体系	注册管理机构	对应标准	应用领域	支撑平台
DOI	International DOI Foundation（IDF）	《信息和文献　数字对象标识符系统》（ISO 26324：2012）	期刊、文献	万方、知网、DataCite、Crossref
PID	EPIC	无	科学数据	PID21 数据标识服务平台
ISLI	国际信息内容产业协会（ICIA）	《信息与文献　国际标准关联识符（ISLI）》（ISO 17316：2015）	图书、出版物	中国 ISLI 注册中心
CSTR	国家科技基础条件平台中心	《科技资源标识》（GB/T 32843—2016）	大型科学仪器设备、研究实验基地、自然科技资源、科学数据等	科技资源标识服务平台
OID	ISO、IEC、ITU 三大国际标准化组织，中国电子技术标准化研究院，国家 OID 注册中心	EC 29168、ISO/IEC 29177、ISO/IEC 9834、ISO/IEC 8824、ISO/IEC 8825、ISO/IEC 15962、ISO/IEC 15963	任何类型的对象	国家 OID 注册中心
MA	ISO、CEN、AIM 三大国际组织，统一标识代码注册管理中心	《信息技术　自动识别和数据采集技术　唯一标识》（ISO/IEC 15459）	任何类型的对象	二维码标识管理公共服务平台（简称 IDcode 标识平台）

（2）CSTR

CSTR 是中国国家科技基础条件平台中心为主研制的国家标准《科技资源标识》（GB/T 32843—2016）中提出的，该标识符由中国科技资源代号缩写（CSTR）、科技资源标识注册机构代码、科技资源类型代码和内部标识符 4 部分组成（图 4-4）。主要面向大型科学仪器设备、重大科技基础设施、研究实验基地、种质资源、标准物质、实验材料、科学数据、图集图谱等多种类型资源。CSTR 标识目前由国家科技行政主管机构指定的统一管理机构进行注册管理。

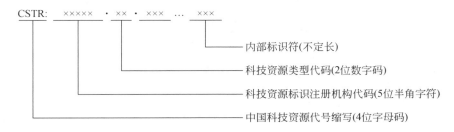

图 4-4　CSTR 编码结构

（3）PID

PID 是英文"persistent identifier"，即永久标识符的缩写，也可写为 PI。由 EUDATC 欧洲数据基础设施项目成立的 EPIC（欧洲永久标识联盟），基于 Handle 系统为欧洲科学研究社区提供科学数据的永久标识服务（郭晓峰等，2015）。

（4）ISLI

ISLI 是国际标准关联标识符的简称，由 ISO 第 46 技术委员会的第 9 分技术委员会制定和维护。ISLI 是标识信息与文献领域中实体之间关联的全球通用标识符，包括承载或附有信息的音视频文件、数据集、人等。为 ISO 17316 标准的实施而设立的专门机构，目前由国际标准化组织（ISO）进行统一管理，其国际注册机构由总部位于中国香港的国际信息内容产业协会（ICIA）承办。

（5）OID

对象标识符（Object Identifier，OID）是由 ISO、IEC、ITU 三大国际标准组织共同提出的标识机制，用于对任何类型的对象、概念或者"事物"进行全球无歧义、唯一命名。一旦命名，该名称终生有效。OID 具有分层灵活、可扩展性强、技术成熟等特点。网络世界中无歧义地标识对象的全局唯一的值，可保证对象在通信或信息处理中正确地定位和管理。通俗地讲，OID 就是网络世界中对象的身份证。

（6）MA

MA 码是中国首个获得 ISO、CEN、AIM 三大国际组织认可的全球顶级节点代码，是 ISO/IEC 15459 国际标准的组成部分，具有全球唯一性和国际通用性，能为人、事、物、数据等各类对象分配全球唯一的身份标识，是实现各种不同对象标识统一管理的一种机制，用于对任何类型对象（人、事、物）进行全球唯一身份标识，即"数字身份证"。

4.2.2　农业科学数据 CSTR 标识

2020 年，科学技术部国家科技基础条件平台中心正式推出我国自主的科技资源标识体系——CSTR，中国农业科学院农业信息研究所承建的国家农业科学数据中心成为首批 CSTR 标识注册机构，可开展农业领域科技资源的 CSTR 标识赋号工作。通过农业科学数据 CSTR 标识，可为我国农业领域科学数据资源的权属界定、持久存储、开放共享和引用分析等方面提供基础支撑，有力促进农业领域科学数据的开放共享和应用。

建立农业科学数据 CSTR 标识具有多重现实意义。一是有利于信息共享和利用。政府部门、社会公众通过农业科学数据 CSTR 标识，可以有效识别主体身份，并对信息进行关联比对分析，这就为实现信息共享和利用打下了基础。二是有利于提高开放共享效能，提高农业科学数据复用率。农业科学数据 CSTR 标识将多码改为一码，进一步激发市场创新创业动力。三是有利于加快推动科研评价体系建设。通过农业科学数据 CSTR 标识，将分散在各地区、各部门、各领域的数据发布记录归集整合到当事主体的名下，形成完整统一的评价指标，为褒扬诚信、惩戒失信等评价提供了基础设施。

农业科学数据 CSTR 标识的登记与应用：

1）农业科学数据提交方向国家农业科学数据中心提交元数据信息及实体数据，国家农业科学数据中心代为编制农业科学数据标识，并根据元数据完成登记注册工作。

2）中心科技资源标识符应作为一条元数据元素清楚明确地写入科技资源元数据信息中。

3）国家农业科学数据中心负责在中心门户系统公开展示备案后的标识信息。

4）农业科学数据使用者在引用、转载国家农业科学数据中心的共享资源信息或资源时，应一并转载国家农业科学数据中心分配的全部标识符。

5）农业科学数据使用者使用国家农业科学数据中心资源加工产生新的科技资源时，应标明原始科技资源的标识符。

6）农业科学数据使用者应将科学数据标识符和科学数据引用标注通过国家

农业科学数据中心门户网站进行公布，同时要将标识符和引用标注实时更新至"国家农业科学数据中心"。科学数据引用标注的格式应为：作者列表，科学数据名称，科学数据发布科技资源注册管理机构名称，科学数据发布年份，科学数据标识符。

4.3 农业数据融合

随着传感器技术发展，各类自动观测设备的应用，推动农业科学数据进入大数据时代。由于农业科学数据存在跨学科、多尺度等问题，农业科学数据融合是农学与信息科学交叉的必然选择，通过交叉学科研究，在跨学科和跨尺度数据融合方法上取得突破，才能真正实现农业科学数据融合，挖掘出数据更大的价值，指导农业生产，为农业政策制定提供基础支撑。

4.3.1 数据融合的概念

数据融合一词始于 20 世纪 70 年代，90 年代以来得到较快发展。多源数据融合实际上是对多个传感器信息进行处理的技术，因此又被称作多传感器数据融合。对多源数据融合现在还很难给出一个统一、全面的定义。目前多源数据融合的定义可以简单概括为：充分利用计算机相关技术对若干传感器获取到的观测数据资源，在一定准则下加以处理和分析，获得一个较为完整、可靠的解释与描述，完成决策和估计任务，这个信息处理过程称为数据融合。

数据融合目的是通过对多个数据源信息的充分分析和整合，减少因数据质量因素导致的决策不准确的现象，改善决策的准确度。这种技术有效地利用了多源数据的冗余性和互补性，能够从更全面的角度出发，实现系统的最优性能。多源异构数据间存在不同程度的数据相关性或数据冲突，这就需要数据融合技术按照一定的规则对数据进行预处理、分析及融合等操作，充分利用数据之间的相关性和数据的独有特性来获得更好的决策结果。

4.3.2 数据融合方法

数据融合是一门交叉学科，不同的应用场景所使用的融合方法不同，而不同应用场景没有一个统一的解决问题的算法，实际应用中也还不存在能够解决所有场景问题的算法。针对数据融合算法，很多学者从不同角度出发，按不同的方式进行了分类：如按技术原理分类，可分为假设检验型数据融合、滤波跟踪型数据融合、聚类分析型数据融合、模式识别型数据融合、人工智能型数据融合等；按传感器的类型分又有同类传感器数据融合和异类传感器数据融合；按对数据的处理方式分又可分为像素级融合、特征级融合和决策级融合；按照特征的类型进行分类，分为基于形态学特征的融合方法和深度学习方法两大类。目前常用的信息学数据融合方法有以下四种。

（1）贝叶斯推理法

贝叶斯推理方法可以有效地融合多源信息，有着严格而完善的理论基础，是比较成熟的传统方法，被广泛使用。然而，贝叶斯推理需要先验概率，在许多实际情况下，先验概率很难获得或不准确，因此贝叶斯推理具有很大的局限性。

（2）表决法

该方法具有经济性好、速度快、硬件实现方便、融合处理决策在线等优点，在实时监测中非常有效。缺点是信息损失量大，其二进制逻辑输出使许多理论和方法无法借鉴发展和改进融合技术。

（3）D-S 证据推理

D-S 推理算法具有较强的处理不确定性信息的能力。它不需要先验信息，用"区间估计"代替"点估计"来描述不确定性信息，解决了"未知"即不确定性的表示方法，在区分未知和不确定性以及准确反映证据收集方面表现出极大的灵活性。当不同传感器提供的测量数据之间存在冲突时，D-S 算法可以通过"悬挂"在所有目标集上共有的概率使得发生的冲突获得解决。它用集合表示事件，用 Dempster-Shafer（D-S）组合规则代替贝叶斯推理法来实现信任函数的更新。

（4）神经网络法

神经网络技术的特性和强大的非线性处理能力，能够充分挖掘多源数据之间的深层抽象特征，避免了特征提取不足导致模型输出精度降低的问题，恰好满足了多传感器信息融合技术处理的要求，可以利用神经网络的信号处理能力和自动推理功能实现多传感器信息融合技术。利用神经网络进行数据融合的优点是：①将神经网络的信息统一存储在网络的连接权重和连接结构中，使传感器的信息表示具有统一的形式，便于管理和知识库的建立。②神经网络可以提高信息处理的容错能力。当传感器失效或检测失效时，神经网络的容错功能可以使检测系统正常工作，输出可靠的信息。③神经网络的自学习和自组织功能使系统能够适应不断变化的检测环境与检测信息的不确定性。④神经网络的并行结构和并行处理机制使信息处理速度快，满足实时信息处理的要求（曲晓慧和安钢，2003）。⑤具有良好的实时性。因此，基于深度学习的数据融合方法具有比传统数据融合方法更好的性能，但深度学习方法也存在一定局限性，深度学习增加了模型的复杂性和深度，给模型和参数训练增加难度，同时进一步增加了计算机资源的消耗（张红等，2020）。

4.3.3　农业科学数据融合实例：多源异构作物组学数据融合

在数据密集型科学研究范式背景下，农业作物科学研究的未来不仅取决于组学研究，也取决于对作物组学数据的挖掘利用。在一定程度上加强对作物组学数据的管理，可以帮助科学家挖掘更多的生物学信息，有助于培育优良种质资源，从而满足作物生命科学发展对组学数据的需求。本小节通过对当前作物组学数据的分布和数据组织结构分析，并以高粱为例，对多源数据进行元数据字段分析，寻找融合点，提出多源组学数据集元数据融合方法，并对组学实体数据的分析和整理方法进行简要论述，最终提出实体异构数据的组织融合方法。

4.3.3.1　作物组学数据分布及结构分析

随着测序技术的发展，尤其是高通量测序技术，世界上各大生物信息数据库的测序数据呈现指数级增长，是当前科学家们从中提取有效信息的重要手段，可实现对测序数据的整理统计分析和可视化分析。

此外，随着作物组学技术的发展，代谢组学和表型组学相关研究也越来越多，同样产生了大量数据，大多在文章的附录里进行说明展示。以高粱为例，当前高粱组学测序数据大多集中存储于国际公共数据库，如美国国家生物技术信息中心（National Center for Biotechnology Information，NCBI）、欧洲分子生物学实验室（The European Molecular Biology Laboratory，EMBL）、中国国家基因组科学数据中心（National Genomics Data Center，Big Data）等世界三大基因组学综合数据库。这三个数据库承担了数据存储、收集、整合及基因注释搜索等多种多样的应用，并且这三个数据库之间建立了相互交换数据的合作关系，数据是相互共享并且同步的，从而保证了数据的完整性。

综合来看，无论是哪个公共数据库，其作物组学数据格式是统一，但是数据的组织结构不同。以 NCBI 为例，子数据库不同，其数据组织结构也不同：生物项目数据库（BioProject Database）是面向生物学实验的数据组织结构；生物样本数据库（BioSample）则是以生物实验样本编号来进行数据组织分类；高通量测序数据库（Sequence Read Archive, SRA）的数据组织结构则是以测序片段为基准进行编号。

国家农业科学数据中心的数据组织结构以科研项目为中心，形成各项目对应的数据集，并在科研计划项目的基础上，对数据进行一定程度上的加工处理，因此数据集的复合程度很高。目前，国家农业科学数据中心已收集、开放、共享51 个项目的作物组学数据，并且正在建设全新的作物数据库，因此需要研究更理想、更具包容性的数据组织模式。

4.3.3.2 高粱组学数据研究

高粱在我国有五千年的种植历史，是全世界广泛种植的第五大禾谷类作物。在禾谷类作物中，高粱因其特有的功能价值备受关注，如制备酒精、糖料、酿酒等。高粱的组学研究，早期受到实验条件和生物技术的限制，主要集中在组学数据资源的收集、保存和建设上。随着测序技术的发展以及人们对基因组结构认识的深入，高粱组学研究领域逐渐深入。

2009 年初，在美国能源部联合基因组研究所负责下，对高粱品种 BTx623 进行了基因组测序，并完成了组装和初步的分析工作。高粱的第一个参考基因组就是 BTx623 基因组，当时还是第一代 Sanger 测序的结果。随着生物技术的发展，后又通过第二代高通量测序，补充测序了大量基因组和转录组的读段，并且持续不断对 BTx623 参考基因组的组装和注释进行完善。到目前，BTx623 的基因组序列和注释已经逐渐更新到 2.1 版本。此外，随着 2009 年高粱参考基因组的初次发布，高粱组学研究进程加速，至今为止，全世界已有不同的高粱研究课题组对几十个品种的高粱进行了重测序（de novo），挖掘出了大量的遗传变异信息，对高粱优良品种的培育意义重大。

当前，高粱的转录组学和代谢组学，主要研究不同胁迫条件下基因表达量的变化，筛选应激候选基因，并对其调控机制进行分析研究（罗洪等，2015）。表型组学数据由于种类多，来源广，当前高粱的表型组学研究聚焦于高粱的各种优良抗性。近年来，高粱在我国的种植面积和产量逐年增多，随着杂交育种技术的应用，高粱的优质种质资源也越来越多。对高粱多源异构组学数据的融合能够为育种学家开展分子育种研究提供更多的帮助。

4.3.3.3 多源组学数据集元数据融合

在以数据密集型科学为主导的大数据时代，不同来源、不同领域、不同格式的数据，是数据分析工作的主要处理对象，这些数据通常也具有不同的特点和组织结构等。所谓多源异构数据（multi-source heterogeneous data），是指来自不同来源或者渠道，但是表达的内容相似，以不同形式、不同来源、不同视角和不同背景等多种样式出现的数据。作物组学数据具有显著的多源异构特征，其来源分散于多个数据库、多种媒介之中，其结构也同样呈现出异构特征——不仅基因组、转录组、表型组等不同组学之间数据结构迥异，而且在同一种组学数据中，也根据其所采用的技术、仪器设备型号、来源试验设计，甚至原始处理软件的差异而千差万别。

但是对作物组学数据来说，单一数据和多源数据同样具有很高的价值。例如，对同一份实验材料，不同的课题组在独立进行多次传代后，即使是最稳定的基因组，也会产生出具有价值的差异性结果。而且多源数据能提供更多信息，通过相互之间支持、补充、修正，能提供更准确的信息。对遗传育种学研究来说，越丰富充足的数据越有利于工作的开展，因此需要尽可能多地整合不同来源的作物组学数据。同组学的数据一般具有相同或类似的格式，但是不能直接将其进行融合。因为不同来源的组学数据，其元数据不同。为了解决这个问题，有多种方法被创造出来，包括从标识符角度着手的 Biomart、DAVID，从本体角度入手的GO 等，但是这些技术视角都过于微观，也大多针对元数据或实体数据中的某个字段，需要通过从元数据整体角度出发，形成系统性方案，以彻底解决该问题。本书提出多源组学数据元数据融合方法，具体技术分析路线如图4-5所示。

4.3.3.4 数据关系映射

任一源头数据库提取出的元数据字段，均需转换为多源组学数据元数据标准字段，为此，我们设定一组对元数据的映射，进而解决两个不同的元数据集合之间的数据项对应关系。

设定 NCBI 元数据为集合 $N = \{X_1, X_2, X_3, \cdots, X_n\}$，高粱多源组学数据元

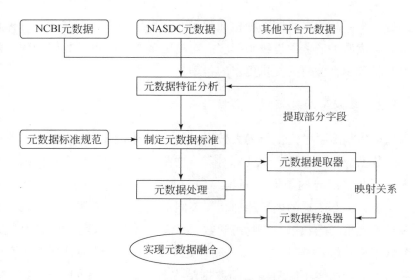

图 4-5　元数据融合方法路线图

数据为集合 $S=\{Y_1, Y_2, Y_3, \cdots, Y_n\}$，两者之间的映射关系存在三种情况。

1）1：1 映射方式。这是最简单最容易理解的映射方式，即一对一关系，N 中的某个数据项和 S 中的某个数据项正好完全匹配，配置也很简单。

2）1：n 映射方式。从 N 中选定的某个数据项 X_i，通过 n 个数据处理变换公式 $f_1, f_2, f_3, \cdots, f_n$ 来将数据映射为 n 个数据项 $Y_{j1}, Y_{j2}, Y_{j3}, \cdots, Y_{jn}$ 这种映射方式实质上是一个数据项拆分过程，就是将在一个集合中的数据项通过多个映射函数转换成另一个集合中的多个数据项。

3）n：1 映射方式。这种映射方式是 1：n 映射方式的逆向过程，把集合 N 中的数据项 $X_1, X_2, X_3, \cdots, X_n$ 通过映射函数 f，将数据变换为集合 S 中的 U_j，映射函数 f 是一个多元函数。这种映射就是将一个集合中的多个数据项通过映射函数 f 组合成为另一个集合中的单一数据项，解决了多数据项的数据合并问题。

通过这三种映射关系，并构建对应的数据处理程序，实现任一数据库元数据和高粱多源组学元数据标准集合中的数据项的相互对应关系，进而解决了两个元数据的相互转换问题。进而，通过将多源组学数据，通过元数据统一纳入为构建的高粱多源组学元数据标准集合之中，并为其统一分配编号，进而实现多源数据的融合。

4.3.3.5 异构高粱组学实体数据融合

当前随着生物信息技术的迅速发展，作物组学数据日益复杂，并且呈现爆炸式增长。作物组学数据包括基因组学、转录组学、代谢做学和表型组学等。组学研究的目标是构建集体表征和量化生物分子特征库，将其转化为生物学动态相关的结构、功能等特征（郭义成，2016）。如何对这些组学数据进行融合，如将基因组、转录组及代谢组的组学数据进行整合分析，是当前生物信息学发展的研究热点，也满足当前科学家们实际工作的需求。

（1）基因组学数据

对于基因组测序原始数据，首先需要进行质量控制与统计，确保后续分析的准确性和可靠性。第一步，使用 FastQC 软件可以对测序数据的基本信息进行统计和可视化；第二步，对原始数据进行质控，使用 Fastp 软件，功能包括接头污染去除、末端低质量碱基去除、尾端 polyG 去除等；第三步，使用 BWA-MEM 算法进行读段比对，获得的文件为 SAM/BAM 文件，可以使用 Samtools 进行处理；第四步，使用 GATK 对质控后的数据进行变异检测分析，并合并 GVCF 为 VCF 文件。最终得到基因组数据，是基于测序品种的完整基因组数据。

（2）转录组学数据

转录组学数据的分析和整理方法与基因组学数据类似，步骤包括测序数据质量控制、与参考基因组比对、转录组文库质量评估、SNP 分析、差异表达分析等。仅有的区别主要体现在：对转录组而言，使用 HISAT2 软件进行比对分析后，得到的是基因的表达量或其他数据，从而可以研究不同性状之间差异的分子机制。

（3）代谢组学数据

代谢组学数据需利用综合数据分析软件对其进行高效、省时的分析和处理工作。一般来说，代谢组学数据处理软件都具有完整的一套分析工作流程，具体包括对代谢组学原始数据的预处理、检测物质鉴定、数据统计分析和分析结果解释（孙琳等，2017）。首先，数据预处理是为了减少数据产生过程中的误差，以免在分析过程中对生物物质筛选造成影响，以此在基础上确保检测结果的准确性。统计分析方法分为单变量和多变量，结合两类分析方法对预处理后的代谢组数据进行分析，可以得到数据的整体结构，发现不同代谢物和表型组学的相关性。最终研究人员对代谢组学数据分析结果进行解释，包括功能注释、通路分析等（梁丹丹等，2018）。

常用的代谢组学数据处理软件有 XCMS Online、Galaxy-M 等，基于以上代谢组学处理软件，对处理之后的数据以实验材料为基准进行编号，纵向整理成以材料为中心的组学数据集。

（4）表型组学数据

如何把原始多样的表型组学数据转化为具有生物学意义的信息，是近年来生物信息学的研究热点。例如，各类计算机视觉算法、图形图像处理和机器学习分类方法在表型数据分析中得到大规模应用。从组学研究角度出发，对表型组学数据进行分析整理：提取表型组学数据中的实验材料信息，结合其基因组、转录组等其他组学数据，对其进行编号整理，形成以实验材料为中心的作物组学数据集。

（5）高粱组学数据组织和融合

迄今为止，在作物遗传学研究领域，已经积累了大量的基因组、转录组、代谢组和表型组数据，并且数据增长非常迅速。如何整合数据和开发工具来揭示作物组学之间的关系，一直以来都是育种工作和大数据结合的卡脖子问题。

以高粱为例，我们提出全新的异构组学实体数据组织与融合方法：首先，无论对哪一组学的研究，最终都要聚焦到基因组学的研究上。其次，对作物多组学数据而言，其共通点是实验样本，即作物种质品种。由于具有相同名称的实验样本可能具有不同的来源，因此，我们为与多组学数据相关联的每一样本分配不同的 ID 号，一个样本一般具有多个基因型数据，可能具有多个转录组数据、代谢组数据、表型组数据等。最终建立以种质基因组学为中心的全新组学数据组织结构模式，如图 4-6 所示。

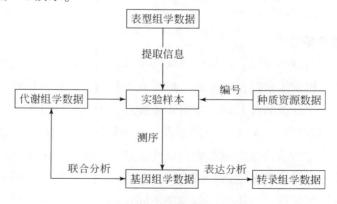

图 4-6　异构组学实体数据融合方法

表型和基因型的融合原理为，整合多个高质量的参考基因组，通过为群体中每个基因位点及其相关表型提供基因型，揭示表型和基因型之间的关系，利用控制重要农艺性状的已知基因作为基因型和表型之间的桥梁，通过实验验证的控制表型性状的功能等位基因，将其标注为性状的分类和描述。这样就能得到基于基因型和表型的全新数据组织模式。

代谢组和基因组的融合原理为，代谢作为生物反应中的末端、调控的最终目标，其过程受到酶的催化和调控，而大多数酶的表达又与 mRNA 密切相关。因此，可以通过底物（化合物）——酶（蛋白质）——对应 mRNA 的对应关系，实现代谢组到转录组数据的映射和融合。

4.4　基于数据驱动的农业场景构建

2022 年 1 月 4 日，《中共中央 国务院关于做好 2022 年全面推进乡村振兴重点工作的意见》印发，中央一号文件继续锚定乡村振兴，提出了全面推进乡村振兴的五项重点工作。其中，提到"着眼解决实际问题，拓展农业/农村大数据应用场景""用数据说话""决策靠数据，评价看数据""基于数据驱动，打通数据壁垒，应用数据决策"等，基于数据驱动的农业场景构建越来越重要。

4.4.1　农业科学数据场景构建现状

在信息化时代，互联网、移动互联网、物联网、大数据、人工智能等新信息和智能技术不仅高度融入我们的生活，并且开始重组我们的生活方式和生活内容。实体场景受设备、地点和环境的限制较多，而虚拟场景可以不受时间地点的限制，而且更智能、新颖、逼真，用户体验也更好，因此真实的生活将越来越存在于虚拟时空的场景里。

罗伯特·斯考伯等在《即将到来的场景时代》一书中指出，场景时代即将来临，首次提出了"场景"一说。阎峰（2018）从操作意义上把"场景"暂时定义为：人与人、人与环境、人与事物之间，乃至人和具有人工智能的机器等人工物之间，基于新的信息与媒介技术，可以虚拟或真实地融合实现智能性"超链接"，并在社交平台进行多方互动的数字化情境。"场景"是多种技术的系统集成和社会化应用，融合了当下信息技术、数据和社会需求等的各种逻辑，具有前瞻性和普遍应用的前景。

国内外已经有一些学者开始从农业科学数据场景及场景化视角来研究解决问题的对策。王姝等（2019）在科学数据标识技术场景中，构建了一个科学数据标识 BaaS 平台；王东波（2021）探索了基于数字孪生的智慧图书馆应用场景架构、运行机制和建设思路；赵丽梅（2021）提出了区块链在科学数据监管中的应用对策及基于区块链的科学数据溯源实施方案。廖文杰和陆丽娜（2022）基于区块链技术，构建了农业科学数据管理场景模型。张晓庆（2022）通过 Cesium 平台实现河道三维场景展示，将水上水下一体化河道实景模型与 BIM 模型转换为适合 Cesium 的数据格式及三维模型切片处理，实现河道场景的浏览以及信息查询等各项基本功能展示。任福兵和王朋（2022）基于多源数据，构建了高校画像及应用场景研究，服务高校智库校园建设。目前养殖业智慧化程度较高，通过对养殖过程的数据进行采集，构建养殖数据体系，对数据进行分析，并做出相应的决策。对于种植业来说，通过科学数据可进行农作物的病虫害识别和长势预估，并进行浇水、施肥、给药等建议。

4.4.2 黄河流域生态保护和高质量发展的应用场景构建

党的二十大报告对"三农"工作做出了"全面推进乡村振兴""加快建设农业强国""全方位夯实粮食安全根基"等一系列重要决策部署，提出要"扎实推动乡村产业、人才、文化、生态、组织振兴"，进一步指明了新时代"三农"工作的总体要求和前进方向。

国家农业科学数据中心依据科学数据中心可扩展软件架构和科学数据融合服务网络框架，针对黄河流域生态保护和高质量发展的实际应用需求，整合研究成果和科学数据，提供空天遥感数据、水土保持数据、政策数据、黄河流域生态数据、气象数据、城乡用水数据、无人机航拍数据、乡村地理数据、水利灌溉数据等在内的数据服务，以及关联分析、多维仿真、数据发现、权属追踪、云端计算、可视化分析等在内的服务，构建黄河流域生态保护和高质量发展的应用场景，并在黄河九省（自治区）泛流域水土治理、黄河流域乡村振兴、黄河中上游淤地坝生态效益评估与风险预警等实际场景中展开示范应用，服务黄河流域生态保护和高质量发展战略（图 4-7）。

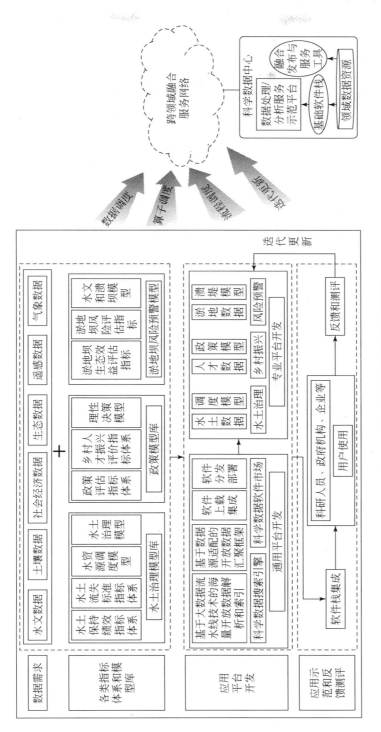

图4-7　面向融合科学场景的应用示范

(1) 黄河九省（自治区）泛流域水土治理

基于数据专题，整合生态、气象、城乡用水、水利灌溉等数据，研究构建流域用水模型库，为实现数字化控水、用水、节水提供支撑；整合生态、城乡用水、水土保持等数据，研究构建水土治理模型库，为制定水土保持和水肥管控方案提供支撑。通过数据驱动的科学计算与模型仿真模型分析，为黄河流域农业主产区水资源相匹配的农作制度和灌溉制度决策提供分析计算，为实现西北、华北流域水土资源高效利用、农业产出高效和农区生态环境逐渐改善等重大问题提供决策支撑。

(2) 黄河流域乡村振兴政策分析研究

基于黄河流域生态要素对乡村振兴的决定性影响，融合乡村地理、农业产业、流域生态等数据，开展面向乡村振兴的应用示范。具体研究内容包括融合各级政策、乡村地理、论文作者、农业讲堂视频等数据，研究构建人才振兴模型库；融合流域生态、地理文化、红色资源等数据，研究构建文化振兴模型库；融合水土保持、流域生态、水利灌溉等数据，研究构建生态振兴模型库；融合农业产业、各级政策等数据，研究构建政策分析模型库，服务黄河流域乡村振兴研究和决策。

(3) 黄河中上游淤地坝生态效益评估与风险预警

基于黄河中上游淤地坝的实际整治需要，引接对地观测数据中心的高分辨率遥感影像、气象数据中心的气温和降水等观测数据、农业数据中心的土壤水文等观测数据和冰川冻土沙漠数据中心的水土保持专题数据，开展黄河中上游淤地坝生态效益评估与风险预警研究，形成淤地坝时空分布一张图、淤地坝生态价值一张图、淤地坝灾害易发性区划一张图；耦合水文模型和溃坝模型，形成淤地坝风险预警决策支持。

5 农业科学数据集成

农业科学数据集成主要包括基本框架、技术方法、模型算法和基础平台，这些内容共同构成了农业科学数据集成的理论和应用体系。

5.1 农业科学数据集成的实践探索

数字经济时代，数据已经和土地、劳动力、资本、技术并列为五大生产要素之一，数据是数字化、网络化、智能化的基础。农业科学数据是支撑国家农业科技创新和农业农村现代化发展的基础性战略资源和数字经济中的核心资源，也是影响范围最广、挖掘潜力最大、开发价值最高的原创性科技资源。在科学研究进入第四范式的背景下，农业科学数据的集成与共享至关重要。

5.1.1 农业科学数据的分类目录

农业科学数据是研究人员在科学活动中，借助科学装置或物联网等采集手段，通过实验、观测、探测、调查、分析、挖掘等途径获取的用于科学研究和技术创新等活动的原始数据及衍生数据，这些积累的数据能够反映客观事物的本质、特征、变化规律。农业科学数据已经逐步成为解决复杂农业科技问题和驱动农业科学发现的重要资源，但长期以来，农业科学数据往往散落在不同的研究机构、高等院校、研究团队、研究网络或者研究者个人手中，具有海量、异构、动态、自治等特点，"信息孤岛"问题突出，缺乏一体化、规范化的整合与集成，导致了农业科学数据难以跨领域、跨学科、跨机构、跨部门、跨团队共享和交换，严重阻碍了农业科技原始创新和长远发展。

在科学技术部和财政部的共同支持下，经过近 20 年的建设和发展，国家农业科学数据中心逐步深入开展了科学数据的汇聚、整合与集成工作，建立了农业科学数据的分类体系，即按照学科分类性质和科学数据特征，把农业科学数据划

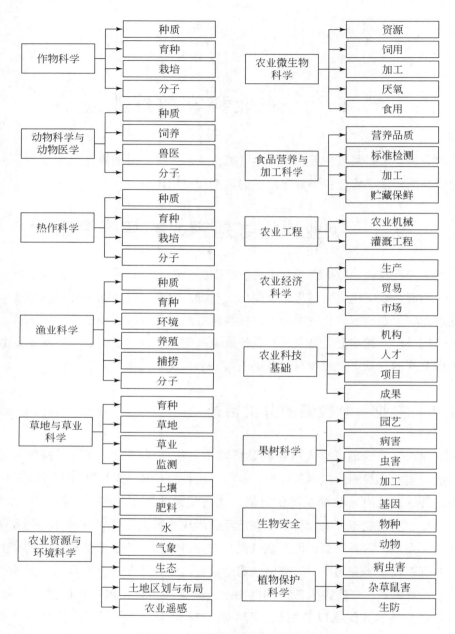

图 5-1　农业科学数据的分类体系

分为 14 大类：作物科学、动物科学与动物医学、热作科学、渔业科学、草地与草业科学、农业资源与环境科学、植物保护科学、农业微生物科学、食品营养与加工科学、农业工程、农业经济科学、农业科技基础、果树科学、生物安全，每一大类下，划分为若干小类。分类目录树见图5-1。

5.1.2 农业科学数据的集成体系

国家农业科学数据中心根据各专业学科群的科学数据基础条件、建设力量和发展水平，遴选出具有优势的学科领域，建设了10个国家农业科学数据中心学科领域中心（表5-1），开展优先建设和数据整合与集成，逐步形成了国家农业科学数据中心和各学科领域中心协同建设、共同发展的国家科技资源共享服务平台建设模式。

表 5-1 国家农业科学数据中心的学科领域中心

序号	名称	建设单位
1	国家农业科学数据中心（作物科学）	中国农业科学院作物科学研究所
2	国家农业科学数据中心（动物科学和动物医学）	中国农业科学院北京畜牧兽医研究所
3	国家农业科学数据中心（渔业科学）	中国水产科学研究院渔业工程研究所
4	国家农业科学数据中心（热作科学）	中国热带农业科学院科技信息研究所
5	国家农业科学数据中心（农业资源与环境科学）	中国农业科学院农业资源与农业区划研究所
6	国家农业科学数据中心（草地与草业科学）	中国农业科学院农业资源与农业区划研究所
7	国家农业科学数据中心（农业科技基础）	中国农业科学院农业信息研究所
8	国家农业科学数据中心（生物安全科学）	中国农业科学院上海兽医研究所
9	国家农业科学数据中心（果树科学）	中国农业科学院果树研究所
10	国家农业科学数据中心（农业水科学与工程）	中国农业科学院农田灌溉研究所

国家农业科学数据中心和10个学科领域中心分别建有科学数据门户网站，为农业科学数据的使用者提供数据访问服务，支撑了农业科学研究和农业科技创新。例如，截至2022年12月，国家农业科学数据中心建有数据库（集）2871个，汇交数据库（集）1144个，专题数据库11个，论文数据库69个，数据库累计访问218 084次，为用户提供作物育种、果树、小麦、玉米、大豆、棉花、水稻等多个专题数据服务。

目前，国家农业科学数据中心逐步建立了农业科学数据集成体系，基本思路是"物理分散、逻辑集中、统一编目、跨库检索"。该体系由两级平台组成，即国家农业科学数据中心构建的一级平台（主平台），各学科领域中心构建的二级平台（分平台）。农业科学数据资源实体分布式存储在主平台或分平台的数据库中，通过国家农业科学数据中心的门户网站为用户提供统一的、一站式数据访问服务界面。整体框架如图 5-2 所示。

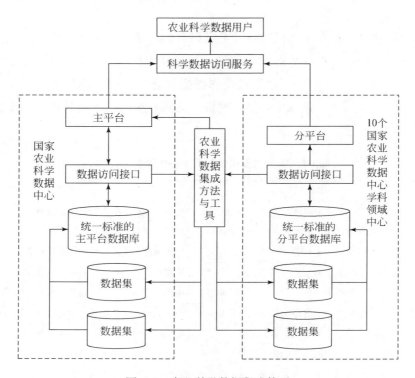

图 5-2　农业科学数据集成体系

农业科学数据集成体系通过对分布在主平台和分平台上的异构数据源的数据提供统一的表示、存储和管理，以跨时间、跨空间、全透明的方式对农业科学数据源进行无缝整合，屏蔽了各种数据源之间的物理和逻辑方面的差异，为用户提供一致的高质量数据，让用户以最小的代价、最高的效率使用农业科学数据。

在农业科学数据的集成方法上，分为两个层面。在底层数据库建设过程中，采用基于元数据、本体和标准的方法进行数据集成；在主平台和分平台应用上，采用基于元数据、关联数据和知识图谱的方法进行数据集成。用户访问数据可通过两种方式实现：一是通过主平台的数据服务界面查询检索，如果实体数据在主平台上，则通过主平台进行共享，如果在分平台上，则通过导航链接到分平台相关页面上；另一种是直接登录分平台的网站上，查询检索某一学科领域的实体数据。

　　以国家农业科学数据中心建立的主平台为例，可基于农业科学数据的分类目录树和各类检索标签，对数据库名称、资源来源、关键词、生产者和 CSTR 进行关键词匹配，为用户提供简单透明的一站式农业科学数据查询检索服务（图5-3）；也可通过数据资源检索页面，基于数据集类型、数据来源、更新时间、访问量、下载量等快捷标签设置，结合关键词全库匹配，对农业科学数据资源进行快速检索（图5-4）。

图 5-3　一站式农业科学数据查询检索服务界面

图 5-4　农业科学数据资源快速检索界面

5.1.3 农业科学数据的出版发行

近年来，科学数据出版作为一种数据集成与开放共享的新机制，引起了全球科研人员的广泛关注。科学数据论文是对具有科学价值的某类或某个数据集进行规范化描述所形成的科学研究论文，能够使数据更具发现性、引用性、解释性和重用性。与学术论文出版过程类似，科学数据论文出版以科学数据产生的背景、采集加工处理过程、数据样例、应用价值等方面为核心内容，通过数据投稿、同行评审、发表出版、共享引用等一系列过程，让科学数据如同学术论文一样被正式引用，有效保障了共享科学数据的科研人员的知识产权，激活了科研人员数据共享的积极性，促进了科学数据的集成与共享。

国家农业科学数据中心积极开展了科学数据出版工作，建立了农业科学论文数据存储库，为在认证期刊发表科研论文的农业科研人员等提供数据保存的平台，支持多种数据获取与使用许可。通过国家农业科学数据中心门户网站发表数据论文，需登录数据汇交系统提交数据。目前支持的期刊有《农业大数据学报》《中国科学数据》、*Elsevier*、*Springer Natrue* 和 *Wiley* 等期刊。截至 2022 年 12 月，已收录和发表科学数据论文 70 余篇，可供用户对论文数据进行关键词检索，为农业科学数据的共享和传播提供了良好的平台支撑和工具（图 5-5）。

图 5-5　国家农业科学数据中心的科学数据出版界面

5.2　农业科学数据集成的理论与框架

在农业科学数据产生的过程中，数据来源多样、结构各异、尺度不一。在基于农业科学数据开展科学研究和探索发现时，需要通过科学数据的集成方法构建统一标准的数据集和数据库，有效屏蔽不同数据在来源、格式、特征等方面的本质差异，才能有效支撑农业科学数据的智能发现与管理。

5.2.1　基础理论分析

农业科学数据集成是指借助各种理论方法和技术手段，对多来源、多格式、多特征、多模态的农业科学数据进行物理或逻辑上的有机集中，充分考虑数据的时间、空间、属性和语义特征，以及数据自身及其表达的农学特征和过程的准确性，揭示农业科学数据之间的关系，挖掘蕴含在农业科学数据汇总的知识，实现农业科学数据的智能发现、高效管理和有效共享。农业科学数据的集成不是简单地把不同来源的科学数据拼接或合并到一起，还应该包括统一标准的数据集重建过程。通过对农业科学数据的集成，对外提供一个统一的数据服务访问接口，用户以透明的方式，方便快捷高效地访问所需的科学数据，而无须关心底层异构数据的不同之处。

农业科学数据集成与多个学科、多种方法、多项技术相关，其理论依据也是多方面的。从农业科学数据自身、内部和外部的多维度特征，对农业科学数据集成进行理论分析，为农业科学数据集成提供理论依据。

5.2.1.1　农业科学数据的复杂性

农业生产过程具有一定复杂性，农业科学数据来源于服务农业生产的科学研究，具有与生俱来的复杂性。从数据来源看，来自于各类科学装置、物联网传感器、卫星遥感、无人机航拍、人工记录等；从数据格式看，包括文本、可见光图片、多光谱影像、视频、音频等；从数据要素看，涉及农学、生物学、地学、化学、信息学等多种学科知识和信息；从数据应用看，涵盖农业种养殖、病虫害防治、绿色生产、农产品加工、食物营养、仓储保鲜等各环节和全过程。例如，国家农业科学数据中心的数据汇交加工系统存储着"十三五"国家重点研发计划农业及涉农领域项目的科学数据，已经汇交的 380 个项目形成了 16 602 个数据集，数据格式种类繁多，高达 27 种，涵盖文本、数值、栅格、音频、视频、矢量、空间数据库、遥感影像、三维建模和 Matlab 格式等，以数值型、文本型和图片型居多，但是同种数据格式的软件类型和软件版本也有所不同。因此，在对农业科学数据进行集成时，需要从多个维度充分考虑数据的复杂性，针对不同的数据特征和面临的主要应用场景，联合采用多种不同的方法解决数据集成的主要问题。

5.2.1.2 农业科学数据的连续性

农业生产过程具有一定的长期性、重复性、规律性，农业科学数据具有一定的时间和空间连续性。从时间上来看，任意时段的农业生产过程都是整个农业生产过程中的一个片段，不论时间的计量单位是什么，在农业生产过程中获取的农业科学数据都是连续的，如 2022 年 9 月之后必然是 10 月；从空间上来看，独立的农业生产过程在空间分布上具有非间断性，同类农业生产过程在空间上具有连接特征，如小麦育种的每一次科学实验在空间上处于一定的研究区，而且研究区在空间上是通过不同对照组所在地块连接起来的连续空间。因此，在对农业科学数据进行集成的过程中，需要考虑数据做具有的时空连续特征。在时间连续的条件下，需要顾及空间相邻和相连特征；在空间连续的条件下，需要考虑时间的序列特征；在时空连续的条件下，需要综合考量这两个维度上的农业科学研究过程的变化规律和内在特性。

5.2.1.3 农业科学数据的层次性

农业生产过程在时间域和空间域上具有一定的层次性，农业科学数据也表现出相应的层次性。从空间层次上来看，农业科学数据在空间上的可分解性，例如，全国农业区划委员会编制的《中国综合农业区划》将全国划分为 10 个一级农业区和 38 个二级农业区，其中第十区为海洋水产区，一般将海洋水产区外的其他九个综合农业区称为九大综合农业区，即东北农林区、内蒙古及长城沿线农牧林区、黄淮海农业区、黄土高原农林牧区、长江中下游农林养殖区、华南农林热作区、西南农林区、甘新农牧林区和青藏高原牧农林区。进一步分解，其中的东北农林区则包括 4 个二级区：兴安岭林区、松嫩三江平原农业区、长白山地林农区、辽宁平原丘陵农林区。从时间层次上来看，农业科学数据在时间度量上的可分解性，例如，年由季度组成，季度由月组成，月由日组成，以此类推，不同的时间粒度具有对应的可分解性。对空间和时间层次性的综合认知可以有效表达农业科学数据整体的层次性认知，例如，根据我国客观存在的三条地理界线（400 毫米等降水线、青藏高原边缘线和秦岭淮河线），将我国分为四大农业类型区：南方水田农业区、北方旱地农业区、西北牧业–灌溉农业区、青藏高寒牧业–农业区域。因此，在对农业科学数据进行集成时，需要充分考虑数据的时空层次性，在不同时间和空间层次上对数据进行集成。

5.2.1.4 农业科学数据的透明性

在进行数据集成之前，用户对要进行集成的数据从数据集层次或者数据特征层次上进行查询检索和了解，农业科学数据从形式到内容，对于用户而言都是透明的，一般是借助于农业科学数据的元数据即可实现。例如，在国家农业科学数据中心官方网站检索"2016–2020 年全国马铃薯抗病等性状分子标记开发"数据集，可以查询到相应的元数据（图 5-6）。

图 5-6　农业科学数据集中的元数据界面

对于图 5-6 中的数据集而言，该数据集的数据集成是对马铃薯抗病等性状分子标记开发过程或过程片段的综合处理，数据透明性为数据集成的预处理和实际内容集成提供了基础，数据用户无须了解和掌握。因此，在农业科学数据的集成过程中，元数据已成为解决数据透明性访问的主要方法之一，应用非常广泛。

5.2.1.5 农业科学数据的相对独立性

农业科学数据的存储格式、表达方式、存储介质等外部特征属于数据形式，农业科学数据的属性字段、空间位置、时间范围和进度等属于数据内容。相对独立性体现在当数据形式变化时，数据内容仍然可以保持原有特征或存在可控制、可描述、可表达的微小变动；当数据内容发生变化时，数据形式可以保持不变。这是由于数据形式与数据内容之间没有必然的因果关系，数据形式是内容的载体和外在表现。因此，在农业科学数据的集成过程中，对数据形式的改变，不会影响数据的实质性内容，对数据内容的处理前后可以保持数据外在形式的一致性。

5.2.2 基本框架设计

基于对农业科学数据集成的理论分析，面向农业科学数据用户对数据需求的丰富性和各类应用场景，结合国家农业科学数据中心的数据集成应用实践和多年经验，针对农业科学数据集成目标的复杂性和多样性，从农业科学数据集成的作用机理、数据流运行过程和农业科学数据集成应用场景的角度，设计了农业科学数据集成的基本框架（图 5-7），主要分为 5 个层次：多源数据层、集成过程层、数据库层、集成平台层和应用场景层。

5.2.2.1 多源数据层

多源数据层主要是来自国家农业科学数据中心主平台的数据集，以及国家农业科学数据中心的 10 个学科领域中心的分平台中的各类数据集，这些数据分布式存储在多个数据库中，通过元数据或者实体数据访问的方式构成多源数据层。

5.2.2.2 集成过程层

根据用户需求和应用场景，采用数据预处理、模式匹配、模式映射、实体解析、实体合并、知识图谱等数据集成的方法，结合农业科学数据知识库中的一系列农学数据相关规则，通过格式转换、结构重组、实体消歧、语义匹配、尺度转

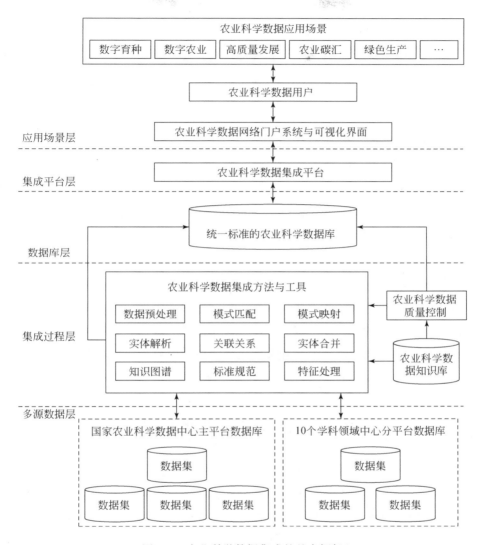

图 5-7　农业科学数据集成的基本框架

换、数据融合等，对农业科学数据进行语法和语义的集成，同时，基于农业科学数据质量控制参数设定和评价标准，对集成数据的外部特征和自身特征的一致性进行检查、处理和评价，确保数据集成的质量，实现对多个农业科学数据集的虚拟整合与集成。

5.2.2.3 数据库层

基于主流的关系型和非关系型数据库管理系统，对经过数据集成后的农业科学数据集进行组织、存储和管理，形成符合条件的、统一标准的逻辑或物理的农业科学数据库。

5.2.2.4 集成平台层

基于构建的农业科学数据库，采用微服务架构等主流的面向服务架构开发农业科学数据集成平台，从数据集成的各类算法和模型中抽象出通用的数据集成功能模块，封装成标准化的农业科学数据集成服务，为上层应用系统开发提供基础平台。

5.2.2.5 应用场景层

基于构建的农业科学数据集成平台提供的微服务接口，以数字育种、数字农业、高质量发展、农业碳汇、绿色生产等应用场景的科学数据需求为导向，在农业科学数据中心的门户网站上实现数据集成的应用模块，通过可视化的方式为数据用户提供一站式的农业科学数据服务。

5.3 农业科学数据集成的主要方法

在数据科学领域，科学数据集成的理论方法与技术工具已成为国内外数据科学研究者和科技管理者关注的焦点，开展了大量的理论研究和应用探索。国际科学理事会（International Council for Science，ICSU）和国际科技数据委员会（Committee on Data for Science and Technology，CODATA）发起了多学科数据集成计划，探索形成多学科数据集成的通用方法、标准规范、技术体系和最佳实践（国家科技基础条件平台中心，2019）。从数据集成方法与工具解决的主要问题来看，现有的数据集成理论与方法研究大致可分为两个阶段。

第一阶段始于 20 世纪 70 年代末 80 年代初，主要聚焦于多源异构数据的语法异质性，以语法集成为核心目标，通过数据格式转换、数据互操作、数据无缝对接（直接访问）和半自动模式集成等方式，在数据库系统中通过模式集成屏蔽不同数据库之间的模式异质性，实现数据库模式上的互操作。该阶段的主要流程包括预集成、模式比较、冲突解决、融合与重构等步骤。广泛采用的异构数据集成架构包括联邦数据库、中间件、数据仓库等。该阶段解决了数据在逻辑模型和数据结构上的异构问题，即数据如何表达的问题，也就是数据表达形式的集成。

第二阶段始于 20 世纪 90 年代末，主要聚焦于多源异构数据的语义异质性。以语义集成为核心目标，通过形式化语义表达方法实现半自动和自动的语义集成，尤其是在支持细粒度的科学数据语义集成方面，从数据应用的角度出发，解决数据用户更为关心的问题，即数据表达的是什么，也就是数据的语义描述、语义共享、语义重用、语义表达、语义互操作、自动推理等方面的集成问题。目前主要采用的方法包括元数据法、本体方法、基于标准的方法和知识图谱方法等，主要解决将源数据的含义完整地转换和集成到目标数据中。

5.3.1　基于元数据的数据集成

元数据是描述数据的数据，通过对数据集的内容、来源、分类、大小、共享方式、数据格式、地理范围等特征进行描述，帮助用户查询检索、分析评价和应用共享其描述的数据集。元数据方法通过编写受控词表，确定元数据语义描述标准，设置元数据语义化映射模式，对不同系统的科学数据进行集成（齐惠颖和郭建光，2018）。元数据已经广泛应用于数据融合、数据转换、数据管理及分析等领域。

利用元数据方法对多源异构数据进行集成，在系统内部采用元数据来标识和管理数据源，在系统外部为用户提供元数据库的查询检索服务，并通过元数据获取和共享相应的数据源，避免了数据多源异构导致的数据理解和共享困难等问题。而且，元数据方法能够很好地体现科学数据元素之间的语义关系，建立的词表对特定领域的科学数据共享具有参考价值和指导意义。国家农业科学数据中心采用元数据方法构建了统一标准的农业科学数据库，基本实现结构如图 5-8 所示。

基于农业科学数据知识库制定的质量控制规则和标准，对获取的结构化、半结构和非结构化数据集进行元数据发现与收割，建立农业科学数据的元数据库；在内部对元数据进行管理和维护，确保元数据的质量和动态更新，在外部提供元数据服务，为用户提供基于元数据的农业科学数据检索，并通过数据访问和获取

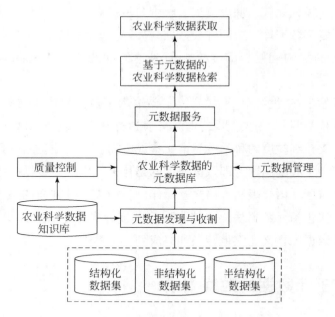

图 5-8　基于元数据的农业科学数据集成

地址对用户进行导航与指引。其中，元数据库是元数据方法的核心，国家农业科学数据中心建立的基础元数据表结构包括 44 个字段，具体见表 5-2。

表 5-2　国家农业科学数据中心的基础元数据表结构

字段名称	字段类型	备注
*科学数据集名称	文本型	
*数据来源	文本型	
*学科分类	文本型	
*创建时间	时间型	
*数据类型	文本型	
*资源来源	文本型	
*涉及区域	文本型	
*数据大小	数值型	
*共享方式	文本型	根据作者实际要求
*数据记录数	数值型	
*版本	文本型	
*数据格式	文本型	文本、数值、图像、视频、语音、文字，可填多项用逗号隔开。例如：文本、视频

字段名称	字段类型	备注
*语种	文本型	
*地理范围	文本型	
*时间范围	文本型	
*关键词	文本型	数量3~8个，只允许使用中英文分号进行分隔
*描述	文本型	字数必须大于50，小于等于1000
*产权单位	文本型	用于生成CSTR，请确保是单位全称。多个可用逗号分隔，不能包含特殊字符
*数据作者	文本型	
*生产者	文本型	
*所在机构	文本型	
*联系人	文本型	
*联系电话	文本型	手机号或座机号，多个用逗号分隔。座机格式：(0xx) xxxxxxxx
*邮箱	文本型	
*联系单位	文本型	
*联系地址	文本型	
*数据下载方式	文本型	
资源链接	文本型	
项目名称	文本型	
项目编号	文本型	
项目来源	文本型	
数据使用说明	文本型	
*数据引用参考规范	文本型	
致谢方式	文本型	
数据	文本型	
备注	文本型	
论文 DOI	文本型	
数据集 DOI	文本型	
来源期刊	文本型	
论文链接	文本型	
是否由系统生成科技资源标识	文本型	CSTR
科技资源标识	文本型	

*为必填字段，不可为空

　　国家农业科学数据中心门户网站上公开了部分元数据表的字段信息，包括数据集名称、资源来源、科技资源标识、关键词、生产者、数据发布时间等。

虽然元数据方法可以有效解决多源异构数据逻辑和物理集成问题，但是也存在一些不足。例如，农业科学数据涉及 14 大类，每一类基本对应于一个学科，为了涵盖尽可能多的知识，元数据的条目会不断增加，而且不同学科领域的元数据标准也有差异，导致数据源之间的互访较为困难。

5.3.2　基于本体的数据集成

在数据集成的过程中，为了充分考虑数据元间的语义异构，基于本体的数据集成方法成为研究热点之一。在科学数据集成领域，把本体论引入科学数据集成中，可用来描述数据的特征和获取数据的模式，为数据集成提供了统一的数据表示方法。

基于 5.1.2 节对农业科学数据自身、内部和外部的多维度特征分析，从本体方法的角度进行归纳，农业科学数据具有时空和要素等基本特征，这是数据内容的决定性因素和唯一性标识，是数据的本质特征。农业科学数据的形态特征是对数据格式、类型、单位、精度、语言等方面的描述；来源特征是数据全生命周期（数据采集、加工、处理、分析、挖掘、分发和管理等）中的数据活动所涉及的数据源、提供者、所在机构、空间范围、资源链接、产权单位等信息；标识特征是数据论文 DOI、数据集 DOI、来源期刊、论文链接、是否由系统生成科技资源标识 CSTR、科技资源标识、数据引用参考规范等信息；学科特征是农业科学数据所属学科分类（14 个学科）、关键词等信息。农业科学数据本体通过实现数据时空、要素、形态、来源等特征的语义信息的规范化描述，对应地构建要素本体、时间本体、空间本体、形态本体、来源本体、标识本体和学科本体。进而，基于本体方法构建农业科学数据的集成框架（图 5-9）。

对多个异构农业科学数据集进行模式分析的基础上，构建农业科学数据的要素本体、时间本体、空间本体等 7 类本体，并对每一异构数据集建立对应的局部本体，同时建立农业科学数据的本体库和推理规则；提取农业科学数据的描述信息，以本体中概念的形式表示提取的信息，构建农业科学数据的特征集；基于农业科学数据本体库中的概念及其相互关系构成的语义空间，利用本体推理机制实现农业科学数据特征集合的语义扩展，生成农业科学数据特征集与农业科学数据本体中的概念之间的映射关系；根据农业科学数据本体的映射关系，将对应于农业科学数据本体库中同一个目标概念的局部本体进行本体映射，构建全局本体，

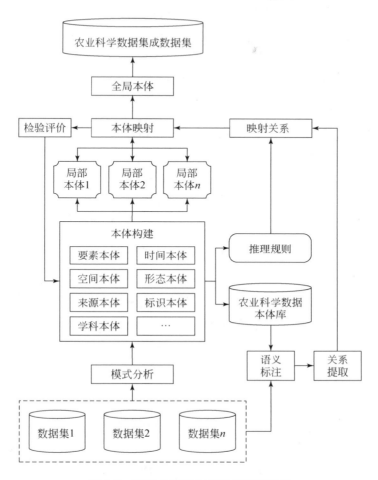

图 5-9 基于本体的农业科学数据集成

建立农业科学数据集成数据集；同时，检验和评价农业科学数据集成的结果，对农业科学数据本体库中的问题进行修正。

在上述基于本体的农业科学数据集成框架下，国家农业科学数据中心开展了有效的科学数据集成。以国家农业科学数据中心门户网站上的"2017—2021 年农业面源和重金属污染检测技术设备研发及标准研制沈阳和潍坊地区样品测试数据库"（以下简称"数据集 1"）和"2017—2021 年农业面源和重金属污染检测技术设备研发现场广州韶关与湖北恩施示范点样品测试数据库"（以下简称"数据集 2"）的部分数据为例，进行了农业科学数据本体支持下的数据集成。

图5-10表示的是先开展要素集成,再进行空间集成的过程,表5-3和表5-4是数据集成前的数据片段,表5-5是数据集成后的数据片段。

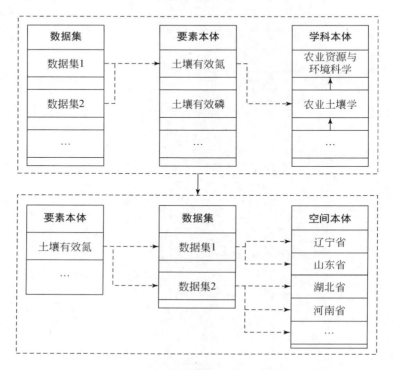

图 5-10 农业科学数据集成过程

表 5-3 数据集成前的数据集 1 的片段

试验区	数据采集时间	采样点 1 土壤有效氮	采样点 2 土壤有效氮	采样点 3 土壤有效氮
沈阳市沈北新区	2021/6/9	0.6	0.63	0.52
山东省潍坊市	2021/6/9	0.5	0.51	0.4

表 5-4 数据集成前的数据集 2 的片段

区域名	数据采集时间	土壤有效氮	土壤有效磷
湖北省潜江市	2021/7/7	0.33	0.23
河南省许昌市	2021/7/7	0.75	0.15
广东省韶关市	2021/7/7	0.61	0.36

表 5-5 数据集成后的数据片段

数据集编码	科技资源标识	数据资源地点	数据采集时间	土壤有效氮	土壤有效磷	采样点 1 土壤有效氮	采样点 2 土壤有效氮	采样点 3 土壤有效氮
202212080012	CSTR: 17058.11.E0036.20220715.10.ds.2167	沈阳市沈北新区	2021/6/9	0.58		0.6	0.63	0.52
202212080013	CSTR: 17058.11.E0036.20220715.10.ds.2168	山东省潍坊市	2021/6/9	0.47		0.5	0.51	0.4
202212080014	CSTR: 17058.11.E0036.20220715.10.ds.2169	湖北省潜江市	2021/7/7	0.33	0.23	0.3	0.42	0.26
202212080015	CSTR: 17058.11.E0036.20220715.10.ds.2170	河南省许昌市	2021/7/7	0.75	0.15	0.69	0.82	0.73
202212080016	CSTR: 17058.11.E0036.20220715.10.ds.2171	广东省韶关市	2021/7/7	0.61	0.36	0.65	0.58	0.61

上述案例实现了农业科学数据在要素和空间上的集成，解决了数据语义的集成问题。但是，由于不同学科领域对本体的描述标准和规则不一定是统一的，在进行不同学科领域集成时，还需要建立不同学科领域本体间的映射关系，实现的难度较大。

5.3.3 基于标准的数据集成

标准化技术方法通过制定可以描述不同数据源异构特征，以及与之建立映射关系的科学数据标准，对科学数据进行规范表达，并基于统一规范的描述信息实现科学数据的集成。

农业科学数据中心制定了一系列农业科学数据标准规范（表5-6），用于农业科学数据的全生命周期，为农业科学数据的集成奠定了标准规范基础。

表5-6 农业科学数据标准规范

序号	文件名称	文件编号	发文机构	发布时间
1	农业科学数据发布管理规则	NADC0116	国家农业科学数据中心	2019/3/1
2	农业科学数据中心数据服务规范	NADC0113	国家农业科学数据中心	2019/5/1
3	农业科学数据质量检查与控制规范	NADC002	国家农业科学数据中心	2020/1/1
4	农业科学数据信息安全管理规范	NADC0117	国家农业科学数据中心	2018/3/1
5	农业科学数据公共数据元标准	NADC004	国家农业科学数据中心	2018/11/1
6	农业科学数据汇交管理办法	NADC0110	国家农业科学数据中心	2018/11/1
7	农业科学数据中心用户管理规范	NADC0112	国家农业科学数据中心	2019/3/1
8	农业科学数据集成和访问规范	NADC0115	国家农业科学数据中心	2019/3/1
9	农业科学数据交换格式规范	NADC009	国家农业科学数据中心	2018/12/1
10	热区主要栽培数据库建设规范	NADC029	热科院信息所	2020/5/1
11	农业科学数据采集标准编制要求	NADC001	国家农业科学数据中心	2018/11/1

国际标准化组织（International Organization for Standardization，ISO）和国际电工委员会（International Electrotechnical Commission，IEC）等国际组织针对数据标准化问题研发了系列标准，并针对系统间的互操作问题提出了互操作性元模型框架（Metamodel Framework for Interoperability，MFI）系列标准。该系列标准通过建立注册和映射注册方法加强系统间的语义互操作，ISO/IEC系列标准作为国际通用标准，为科学数据集成提供了标准框架。农业科学数据标准规范目前尚处于

内部应用阶段，后续将会基于 ISO/IEC 系列标准开展进一步研究。

5.3.4 基于知识图谱的数据集成

知识图谱可通过结构化的方式描述农业科学数据的实体、类别、属性、特征、关系等，并映射到信息空间，对农业科学数据进行有效组织、集成和管理。

以奶牛疫病科学数据为例，构建知识图谱的数据主要有 3 个来源：①对国家农业科学数据中心的奶牛疫病数据进行结构化处理；②搜集《奶牛场兽医师手册》《奶牛疾病学》《奶牛疾病诊治技术》《新编奶牛疾病诊断与防治》《奶牛养殖与疾病防治》等奶牛疫病相关图书资料，扫描、识别和校正纸质图书中的奶牛疫病相关数据；③编写特定的 Python 爬虫脚本从奶牛疫病相关网站上抓取、清洗和整合奶牛疫病数据。

采用统一的数据结构和标准规范，整合集成获取的多种来源的奶牛疫病数据资源，建立奶牛疫病知识图谱构建数据集，并转换为 JSON 格式；标注奶牛疫病数据，实现命名实体识别，尤其是对奶牛疫病数据的症状进行实体识别；构建奶牛疫病知识图谱，存储在 Neo4j 图数据库中（图 5-11）。

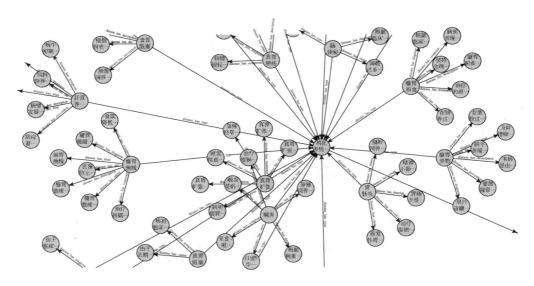

图 5-11　基于知识图谱的奶牛疫病数据集成

6 | 数据质量管理

　　数据质量是保证数据应用的基础。农业科学数据数量庞大、内容广泛、结构复杂，具有巨大的科研价值，然而，采用了质量较差的数据进行的挖掘分析，得出的结论会加剧决策失误的风险，因此，数据质量管理对于提升数据的使用价值至关重要。为快速检查农业科学数据共享平台中共享数据、服务及共享平台建设的质量，使数据的质量控制、检查和管理工作做到科学规范，国家农业科学数据中心围绕科学数据管理工作中涉及的农业科学数据质量检查与控制的需要，规定了《农业科学数据质量检查与控制规范》（NADC002）。该规范适用于农业科学数据集成时各种数据的质量评价，也适用于数据生产者或提供者描述和评价一个数据集在产品规定的指标内的质量信息。

6.1　数据管理的全生命周期

　　数据质量问题产生于数据管理整个生命周期的各个环节，由业务、技术和管理等多方面因素造成。数据质量管理是对数据生命周期全过程每个环节的各类数据质量问题进行的识别、度量和处理等活动，并通过加工处理和提高管理水平提升数据质量（刘桂锋等，2021）。

6.1.1　数据生命周期理论内涵

　　"生命周期"（life cycle）概念最早起源于生物学领域，指生物体从出生、成长、成熟、衰退到死亡的全过程，之后逐步引申和应用到了物理学、经济学、信息管理科学等多个学科领域。科学数据管理生命周期涵盖数据产生、收集、描述、存储、共享、应用整个生命过程，识别了数据管理的核心要素在整个生命周期的各个阶段连续性和时间不可逆转两个特征。2018 年 3 月，国务院办公厅印发了《科学数据管理办法》，从科学数据管理生命周期的数据采集、汇交、保存，以及数据共享与利用等方面提出了具体管理措施，为科学数据管理工作确定了行动纲领。

6.1.1.1 数据采集

数据采集是数据管理的基础，其目的在于通过系统化的方式收集丰富可靠的数据资源，以供进一步转化成为数据分析的成果，为决策和再利用提供支持。农业科学数据采集是根据农业科学数据共享的需求，通过基础研究、应用研究、试验开发，以及观测监测、考察调查、检验检测等方式取得用于科学研究活动的原始数据及其衍生数据（高飞等，2022）。高质量的数据收集能够保证数据的真实性、完整性和准确性。

6.1.1.2 数据汇交

数据汇交广义上是数据拥有者将科学数据提交到科学数据管理机构的过程，除了科技项目科学数据、长期观测科学数据，学科领域自建科学数据也可被提交至科学数据管理机构。《科学数据管理办法》对科学数据的强制上交制度做出了规定，除第十二条明确规定"主管部门应建立科学数据汇交制度"外，还分别从政府预算资助、社会资金资助项目及学术论文数据的收集三个方面做出细分和规定。为规范国家科技基础条件平台建设项目中农业科学数据的汇交工作，加强对农业科学数据的管理，实现农业科学数据共享，国家农业科学数据中心依据国家科技基础条件平台建设和科学数据共享工程的有关指导性文件，制定了《农业科学数据汇交管理办法》。

6.1.1.3 数据保存

数据保存是在确保数据存储环境安全的情况下，对数据进行分级分类管理，保证数据可以重复使用，实现对科学研究过程的追溯。数据资源的有效保存对于数据重用和管理意义重大，合理的科研数据保存要求能够在未来被允许访问来解释和辩证衍生的研究工作。对于此，《科学数据管理办法》第十六条提出法人单位应建立科学数据的保存制度，同时配备数据存储、管理、服务和安全等必要设施以保障科学数据的完整性与安全性。数据资源的长期保存是一种基于存档的活动，不同的研究数据集具有不同的安全要求，研究人员必须评估其研究数据的机密性、完整性和可用性，并选择满足其安全要求的存储系统和通信技术。针对科学数据的安全性和长期可使用性需求，对所有重要的文档及数据进行备份被认为是十分必要的。

6.1.1.4　数据共享利用

数据管理的最终目的是开放共享，以实现数据的充分利用。为最大限度地提高科学数据的利用效率，《科学数据管理办法》第十九条明确规定，除国家法律法规有特殊规定外，政府预算资金资助形成的科学数据应当按照开放为常态、不开放为例外的原则，由主管部门组织编制科学数据资源目录，面向社会和相关部门开放共享，畅通科学数据军民共享渠道。《科学数据管理办法》以具体的"科学数据资源目录"代替抽象层面上规定的所谓性义务，将"出版与传播"作为科学数据开放共享的鼓励措施，明确为公益事业无偿服务的政策导向，打破了原有对数据共享使用的限制，让科学数据开放共享成为常态。

6.1.2　数据管理生命周期模型

为规范科学数据管理，数据管理及其研究机构从提供数据管理指导、确保数据可靠有效等不同出发点，提出了若干数据生命周期模型，描述数据从产生、获取、处理、描述、存储、共享、分析到再利用的整个生命周期。目前国际上典型的数据生命周期模型包括 DCC 数据生命周期模型（HIGGINS，2008）、DataONE 数据生命周期模型（MICHENER and JONES，2012）、DDI 数据生命周期模型（DDI ALLIANCE，2010）、UCSD 数据生命周期模型（MEREDITH，2018）和 UKDA 数据生命周期管理模型等（表6-1）。

表 6-1　典型科学数据生命周期模型

模型	模型结构	来源
DCC 数据生命周期模型	模型是以数据为核心的环状层次型结构，由内而外共分5层，分别是数据描述、长期保存计划、社区监督与参与、数据管理和长期保存，最外层采用循环模式，包含数据创建和接收、评估和选择、数据传递、长期保存、数据获取与再利用，以及数据转换	英国数据管理中心

续表

模型	模型结构	来源
DataONE 数据生命周期模型	模型是环状循环结构，包含制定数据管理计划、收集数据、数据质量控制、数据描述、数据存储、数据发现、整合及分析	美国 NSF 资助的跨学科、多机构、多国家参与项目
DDI 组合生命周期模型	模型是链状结构，包含课题提出、数据收集、加工处理、保存管理、数据发布、数据发现、分析挖掘、数据再利用和再处理	国际数据文档倡议联盟
UCSD 数据生命周期模型	模型是封闭的环状结构，包含数据提出、收集或创建、描述、分析、发布、分享或保存 6 个板块	美国加利福尼亚州大学圣地亚哥分校
UKDA 数据生命周期管理模型	模式是环形结构，包含数据创建、加工、分析、保存、访问和再利用 6 个阶段	英国埃塞克斯大学

DDI 数据生命周期模型是具有代表性的链状模型（图 6-1），属于最简单、最基本的数据生命周期表达方式。DDI 模型把整个数据生命周期划分为数据加工和知识抽取两个层次。数据加工层次包含课题提出、数据收集、加工处理、保存管理，以及数据发布 5 个阶段；随后进入知识抽取层次，主要涉及数据发现、数据挖掘分析、数据再利用和数据再处理 4 个阶段。

图 6-1 DDI 数据生命周期模型

UCSD 数据生命周期模型由数据管理研究领域领先的加利福尼亚州大学圣地亚哥分校提出，是典型的环状模型（图 6-2），能够显著体现基于科学研究活动的科学数据管理。UCSD 模型包含数据提出、收集或创建、描述、分析、发布、分享或保存 6 个板块。作为数据生命周期的起点，研究问题的提出、研究方案的设计等是提出数据生命周期的前提；数据收集和创建是模型的第 2 阶段，包含数据收集、创建、发现和清理等环节；数据描述是第 3 个阶段，包括元数据创建等工作；第 4 阶段是数据分析，即对数据进行可视化展示和解释；第 5 阶段是数据发布，重点采用文章或报告等多种形式发布和展示数据分析结果；第 6 阶段是数据分享与保存，主要完成数据存储，为数据分配标识符，并确定数据长期保存策略等，为数据的再利用奠定基础。由于 UCSD 模型是首尾相接的环状模型，在循环模式下，每一周期的结束意味着另一周期的开始。

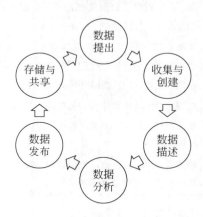

图 6-2　UCSD 数据生命周期模型

科学数据管理生命周期模型同一性和多样性并存（杨林等，2016）。上述生命周期模型主要包含链型、环型、层次型 3 种结构。DCC 是以数据为核心的环状层次型结构，DDI 是链状结构，DataONE、UCSD 和 UKDA 是环形结构。数据生命周期核心环节的划分通常与科研活动中对科学数据的管理密切相关，各环节之间常存在交叉与融合，数据收集、存储和再利用是数据生命周期模型的共有环节，而数据管理计划、质量控制等环节仅出现于个别数据模型。各数据管理生命周期模型由不同机构组织提出，在模型的适用对象和核心环节等方面存在很多共同之处；同时，在模型结构、要素内涵等方面呈现出多样化的特点。结合实际需求，选择合适的科学数据管理生命周期模型，是实现科学数据有效管理的关键。

6.2　数据管理的业务流程

以科学数据生命周期理论为基础，对比分析不同生命周期模型划分的管理阶段，各模型中均包含数据管理流程的 5 个核心环节，即制定数据管理计划、数据收集、数据加工、数据长期保存、数据共享利用。

6.2.1　制定数据管理计划

科研机构在数据管理计划阶段应向资助机构提交符合要求的科学数据管理与共享计划，并严格按照计划内容进行数据管理。科研资助机构通常要求科研人员在项目申请时提交科学数据管理计划，将科学数据管理计划作为项目申请书的一部分。虽然每个机构的计划主题内容存在差异，但基本核心内容均包括：①数据共享权限与方法；②使用的元数据标准、格式；③数据保存方法、时段，以及所需的设备或基础设施；④预期得到的数据类型、格式；⑤如何保证数据长期开放存取；⑥数据管理的角色和职责。NSF、NASA 明确提出要以审核项目进展报告的形式监督科学数据管理计划的执行。ESRC 提出受资助者所属机构，即科研机构应承担其监督受资助者执行计划的责任。

6.2.2　数据收集

科研机构在数据收集阶段应对项目产生数据及其辅助信息进行采集，并在规定时间内向资助机构统一汇交，还应对数据质量承担责任，保证数据真实、完整。本研究调研的 12 个科研资助机构均要求在规定时间内（项目结束后两个月到两年不等）提交机构资助项目产生的科学数据。其中，NIH、NASA 等 10 个机构要求提交最终数据，即被记录的事实对象，不包括实验室笔记本、部分数据集、初步分析、科学论文草稿、未来研究计划、同行评审报告，以及与同事交流诸如凝胶或实验室标本的物理对象等过程性数据。NSF、NIH、NASA 等 9 个机构明确要求数据背景信息或描述信息应以元数据或数据文档的格式与科学数据集一起提交。其中，NSF 要求提交科学数据的派生数据产品和软件，NASA 要求提交读取和使用数据所需的软件描述，WT 建议提交便于重用的数据格式。大多科研资助机构都要求科研人员自主向指定或推荐的学科或机构数据库提交数据。其中，NERC 自主建设了数据中心，要求数据中心定期采集科研人员产生的数据；NSF、NASA 与 ESRC 要求受资助者所属机构应对数据进行审核，以保障数据类型格式规范并防止敏感信息泄露。

6.2.3　数据加工

科研机构在数据加工阶段应对项目数据进行处理加工，生成完善的元数据以保证后期共享利用。NIH、AHRC、BBSRC、CRUK、DFID、ESRC、MRC、STFC等机构均要求生成足够的元数据，一方面便于充分理解科学数据；另一方面规范描述语言，便于整理排序。其中，STFC 明确要求元数据应包含对数据权限的细节和存取条件等内容的描述；CRUK 要求元数据应包含收集数据的方法、变量的定义、度量单位、数据格式、文件类型等。

6.2.4　数据长期保存

科研机构在数据长期保存阶段应将具有长期保存价值的数据依据资助机构要求保存至推荐位置，并保证数据在保存期限内可读可用。本研究调研的 12 个机构均要求将科学数据存储至一个开放的学科或机构存储库，其中部分机构指定推荐存储库。例如，NASA 要求将数据存储至 PubSpace，AHRC 要求将考古数据存储至 ADS，NERC 要求将数据存储至本机构自建的数据中心。12 个机构均对存储时间进行规定，如 STFC 强调不能重新测量的数据（受其自然属性的影响）应当得到永久保存。除保存最终研究数据与元数据外，NSF、NASA 及 ESRC 要求受资助者所属机构制定数据质量评估标准，鉴定具有长期保存价值的数据并进行长期保存。

6.2.5　数据共享利用

科研机构在数据共享利用阶段应最大限度地满足科学数据开放共享需求，并规范和监管不良的数据利用行为。科研资助机构通常要求以研究成果发布为参照，在研究成果发布前或发布后 6 个月内共享科学数据集及其元数据或数据文档，其中 NSF 要求共享派生数据产品。多数资助机构要求科研人员自主按要求共享科学数据，由于 NERC 自建数据存储库，因此由 NERC 数据中心在合适时间公开数据。NSF、NIH、NASA 等 9 个科研资助机构提到涉及个人信息、商业秘密等敏感数据应受到保护，共享前要取得受试者知情同意并进行匿名化处理。调研的

12 个机构均提到利用者应规范引用和使用数据，承认数据来源，以规范格式引用数据。此外，NIH 等 8 个机构提到科研人员可根据数据的敏感性、数据集的大小和复杂性，以及预期的需求量选择共享方法，如人与人之间的直接共享或上传至开放存储库的间接共享。

6.3　数据质量控制

科学数据质量控制是采用一定的工艺措施，使数据在采集、存储、传输中满足相关的质量要求的工艺过程，是科学数据规范管理的内在要求，也是推进科学数据共享利用的必要前提。2016 年发布的 FAIR 原则（FAIR data principles）是国际公认的科学数据管理基本准则，要求数据满足可发现、可访问、可互操作和可重用 4 个原则，并对唯一永久标识符、描述元数据、词汇表、通信协议、使用许可等进行了细化要求。

6.3.1　控制标准

科学数据开放共享中的数据质量问题涉及科学数据的准确性、完整性、一致性、及时性、可靠性、关联性、开放可访问性。农业科学数据质量可从定量与非定量标准两方面进行控制。

6.3.1.1　定量标准

（1）完整性

完整性指数据相对于所描述的客观世界的完整程度，即数据集中是否存在冗余数据或缺少数据。信息缺失或信息更新不及时等原因会造成属性或元组的遗失，从而导致数据不完整。数据完整性是数据质量研究中的一个关键问题，不完整的数据还会对数据质量的其他特性造成严重影响。

（2）逻辑一致性

逻辑一致性指数据结构（包括概念的、逻辑的或物理的数据结构）、属性及它们之间的相互关系符合逻辑规则的程度，包括概念一致性（数据概念是否符合概念模式规则）、值域一致性（值是否在值域范围内）、格式一致性（数据存储与数据集物理结构是否一致）和拓扑一致性（数据集拓扑关系的正确性）。

（3）位置精度

位置精度指特征的位置精度，包括绝对精度（坐标值与其可接受的坐标值或真值之间的接近程度）、相对精度（特征相对位置与其可接受的相对位置或真值之间的接近程度）和栅格数据位置精度（栅格数据位置与其可接受的值或真值之间的接近程度）。

（4）时间精度

时间精度指时间属性及特征之间的时间关系的精度，包括时间测量精度（时间测量的正确性）、时间一致性（有序事件或有序序列的正确性）和时间正确性（数据在与时间有关的方面的正确性）。

（5）专题精度

专题精度即数据分类正确性（特征或其属性的分类相对于分类标准的正确性）、非定量属性正确性（数据集标题、关键字、数据版本等描述是否正确）、定量属性精度（数值属性精度是否准确）。

6.3.1.2　非定量标准

数据质量非定量控制标准主要包括数据集创建目的是否说明、数据用途是否填写，以及数据志（描述数据集的历史，即数据集从收集、获取、汇编到现状的整个生命周期）是否记录清晰。

6.3.2　控制过程

科学数据的质量控制是数据管理的必要环节。数据质量不仅仅依赖于仪器设备测量的精度和数值模拟的准确度，还依赖于数据的组织与存储。因此，在科学数据汇交的各个阶段，都需要专业人员对数据质量进行审核把关。

6.3.2.1　数据汇交前

数据汇交前，课题负责人需要对采集生产、加工整理的数据进行质量控制，确保拟汇交数据的真实性和完整性。项目负责人应对拟汇交数据进行质量内审，提供质量审查支撑材料。

6.3.2.2　数据接收前

国家农业科学数据中心负责农业科学数据的接收、审核、整理、保管和共享等服务工作。数据审核包括形式审核和质量审核，形式审核主要是对数据的完整性、可读性和规范性等进行审核；质量审核由数据中心组织设立的数据质量控制专家组完成，主要从技术和学科专业角度对各要素质控过程、检出限、精密度及数值范围、时空一致性等方面开展系列审核工作。

6.3.2.3 数据使用后

数据中心接收数据使用者反馈的数据质量问题，精准核查问题产生的原因，及时联系问题造成者，有效解决数据质量问题，提高农业科学数据的科学性和可靠性，提升科学数据的开放共享能力。

6.3.3 控制环节

科学数据的质量控制贯穿于数据产品的全生命周期，通常与数据的采集、加工处理、保存和共享利用同步开展（夏义堃和管茜，2021）。不同阶段的数据质量控制在目标、标准与方法等方面各有侧重，既需要从采集和组织的源头确保数据产生的质量及价值，也需要在保存和开放过程中对数据质量进行检测与验证，同时还需在共享利用中规范引导其数据行为，保证数据的再利用性与可再现性。

6.3.3.1 数据采集阶段

数据采集阶段质量控制的核心是确保数据的完整、准确、客观和可靠，主要通过数据采集范围、采集标准的确定及数据审查等关键环节来进行数据质量控制。该阶段数据质量控制的重点是数据采集方式、记录标准及记录管理的规范性，解决的主要问题包括数据生成的逻辑问题、数据描述标准与格式（预先应设计模板、规定描述要素，如主题、实验细节、测试描述、控制条件、测试结果、结果说明等）、数据库结构设计以进行数据或数据文件的组织、使用代码—编码为变量分配数值以便统计分析等。同时，数据生成后的标识、描述和记录保存等必须符合伦理与隐私保护等相关要求。

6.3.3.2 数据组织阶段

数据组织阶段质量控制的重点集中在数据标识的规范、标准化、有效性和可理解等方面，强调运用元数据、唯一永久标识符和删除更新的规范化操作等关键程序来控制数据质量，主要任务是通过良好的数据组织、结构化、命名和版本控制与数据标注，使之易于共享利用。元数据质量控制的核心在于结合科学数据开发利用特点，从项目、数据等层面将元数据管理（样本数据集的创建者、时间、位置、机构、上下文、谱系关系及迁移等描述信息）嵌入科学数据应用系统/平台的研发、运营等业务流程，如直接融入开发编码、系统测试、版本控制等业务环节。

6.3.3.3 数据保存阶段

数据保存阶段质量控制的关键是实现数据保存的规范、持久、可迁移、可恢复和安全，所关注的主要环节涉及数据保存的形式、位置、格式及数据备份等。数据保存范围上，既包括存储要求的原始数据集和经过处理加工的数据集，也包括实验协议或实验流程、生物样本、元数据和其他支持材料；保存格式上，除部分数据平台的专有数据格式要求外，普遍强调通用的、非专有格式保存；保存位置上，多数主体支持将数据保存在公开可用数据库中，可以是机构数据库也可以是学科主题数据库，或根据数据类型选择同行认可的相应数据库；备份要求上，强调通过数据异地、异质备份来应对潜在数据风险，以支持数据恢复。

6.3.3.4 共享利用阶段

数据共享利用阶段质量控制的关键是保障数据的开放、规范、可访问、可引用、合法性和隐私保护，主要涉及访问权限、知识产权许可和引用规范等关键环节。在数据访问权限设置方面，强调对隐私保护、动物伦理、商业秘密等信息法规制度的遵守；同时，鼓励科学数据在最大限度内开放，不能公开的数据需说明原因和获取条件。在数据许可协议及引用规范的设置方面，主要通过知识共享许可，允许用户不受限制地使用、分发和复制数据，前提是原始数据能够被正确引用，力求实现数据开放与利益相关方合法权益保护的双赢。例如，制定引用格式规范，所有数据、程序代码和其他方法必须使用数字对象标识符、日志引文或其他持久标识符进行恰当引用。

6.3.4 控制方法

数据质量控制方法是数据质量控制的重点，直接影响数据质量。目前，常用的数据质量控制方法可归纳为格式检查、缺失检查、阈值检验、规律性检验、统计检验、一致性检验、可视化图形绘制检验和综合分析检验 8 类。

6.3.4.1　格式检查

（1）文件名检查

检查数据文件名是否按照标准文件名进行命名。

（2）数据记录格式检查

检查数据记录的排列顺序、起始位置、长度、记录类型标识、数据存储类型等是否按照相应格式规定填写，若不按照规定填写，则数据易出现读取错误，需要纠正后再进行其他质量控制检验。

6.3.4.2　缺失检查

（1）文件缺失检查

根据监测点信息和监测任务，统计应有文件数量、实有文件数量和缺失文件数量，检查数据文件缺失情况。

（2）数据缺测检查

检查某个监测数据是否为缺测数据，若为缺测数据不再进行其他检验。

6.3.4.3　阈值检验

（1）时间范围检验

监测时间须在监测开始和结束时间范围内，且取值合理。其中，年份取值不大于当前年份，月份取值范围为 [1，12]，日的取值在 1 和当月的最大天数之间，小时取值范围为 [0，24），分、秒取值范围为 [0，60）。

（2）位置检验

监测站位置取值合理，纬度取值范围为 90°S ~ 90°N，经度取值范围为 180°W ~ 180°E；

（3）全等性检验

针对监测记录中某些长期不变且具有特定参数值的要素，如监测站（点）代码、监测站位置、监测方法和仪器名称等，其记录值和特定参数值须完全一致，确有变化可进行修改，否则认为数据异常。

（4）非砝码检验

对取值在有限的可以枚举的编码范围内的监测要素进行非砝码检验，数据记录值不在枚举编码范围内，则认为数据异常。

（5）范围检验

根据监测要素的特点，确定要素的阈值，超出该阈值的监测值被认为是异常数据。范围参数的确定主要包含以下 4 种方式。

1）经验范围法：根据固定区域要素监测值的多年（通常不少于 20 年）统计极值、专家经验或文献查阅获得的要素取值范围，作为质量控制范围参数，监测值 x_i 满足公式（6-1）：

$$X_{\min} \leqslant x_i \leqslant X_{\max} \qquad (6\text{-}1)$$

式中，x_i 为监测值，$X_{\min}$ 为该要素多年统计、专家经验或文献查阅获得的要素取值的最小值，$X_{\max}$ 为该要素多年统计、专家经验或文献查阅获得的要素取值的最大值。

2）仪器量程范围法：采用监测仪器的量程作为质量控制范围参数。

3）莱茵达（PauTa）准则：采用莱茵达准则对要素监测值进行质量控制，数据的剩余误差满足公式（6-2）：

$$v_i \leqslant 3\sigma \qquad (6\text{-}2)$$

式中，v_i 为监测值的剩余误差，由式（6-3）计算得到；σ 为监测值的标准差，由式（6-4）计算得到。

$$v_i = |x_i - \bar{x}| \qquad (6\text{-}3)$$

$$\sigma = \sqrt{\frac{1}{N-1} \sum_{i=1}^{N} (x_i - \bar{x})^2} \qquad (6\text{-}4)$$

式中，N 为监测值的总数；i 为监测值序号（$i = 1, 2, 3, \cdots, N$）；$\bar{x}$ 为监测值的平均值，由公式（6-5）计算得到。

$$\bar{x} = \frac{1}{N} \sum_{i=1}^{N} x_i \qquad (6\text{-}5)$$

4）格拉布斯（Grubbs）准则：采用格拉布斯准则对要素监测值进行质量控制时，监测值应满足公式（6-6）：

$$|x_i - \bar{x}| \leqslant G \times \sigma \qquad (6\text{-}6)$$

式中，σ 为数据序列的标准差；G 为格拉布斯临界值，由公式（6-7）得到。

$$G = \frac{n-1}{\sqrt{n}} \sqrt{\frac{t^2}{n-2+t^2}} \qquad (6\text{-}7)$$

式中，n 为数据序列的个数；t 是自由度为 $n-2$，显著性水平为 α/n 的单边界检验

t 分布的临界值，通过通用函数或 t 分布临界值表查询得到，α 取 0.05 或 0.01。

6.3.4.4 规律性检验

（1）连续性检验

1）梯度检验：对于一定时间或空间范围内具有连续性的监测要素，时间接近或者位置邻近的监测要素变化值应在一定范围内。具体方法：假设当前监测值为 x_i，与其时间或空间相邻的上一个有效值为 x_{i-1}，则应满足公式（6-8）：

$$|x_i - x_{i-1}| \leqslant H_g \tag{6-8}$$

式中，H_g 为梯度检验参数，根据要素类型、监测时间间隔、空间距离、监测时间和区域等因素确定。

2）尖峰检验：对于在某空间或时间范围内变化有限的监测要素，若某监测值与周围监测值明显不同，出现尖峰现象，则判定监测数据异常。具体方法：假设当前监测值为 x_i，与其时间或空间相邻的正确监测值为 x_{i-1} 和 x_{i+1}，则要求 x_i 满足公式（6-9）或（6-10）：

$$\left| x_i - \frac{(x_{i-1} + x_{i+1})}{2} \right| \leqslant H_{i1} \tag{6-9}$$

$$\left| x_i - \frac{(x_{i-1} + x_{i+1})}{2} \right| - \frac{|x_{i+1} - x_{i-1}|}{2} \leqslant H_{i2} \tag{6-10}$$

式中，H_{i1} 和 H_{i2} 为尖峰检验参数，根据要素类型、监测时间间隔或空间间隔、监测时间和区域等因素确定。

（2）递增性检验

检验递增量差值是否大于或等于某一确定值 H。例如，时间记录一般满足递增特性，因此可以采用此方法检验其正确性。具体方法为：假设当前监测值为 T_i，与其相邻的上一个正确值为 T_{i-1}，则应满足公式（6-11），否则该数据异常。

$$T_i - T_{i-1} \geqslant H \tag{6-11}$$

式中，H 为递增性检验参数，根据资料的不同情形来具体确定；T_i 为当前监测值；T_{i-1} 为相邻的上一个正确值。

（3）气候特性检验

根据监测要素的季节性变化特点，检验监测数据是否满足其季节性变化特征。主要包括以下几种：

1）月均值检验：以某要素某测站（某区域）的历年逐月平均值为基础，统计累年（一般不少于 20 年）逐月平均值 A_i 和对应的均方差 $\sigma_i (i = 1, 2,$

3，…，12）。检查数据所在月份 i 的月平均值 L_i 是否满足公式（6-12）：

$$|L_i - A_i| \leq H_r \tag{6-12}$$

式中，A_i 为某要素累年逐月平均值；i 为检查数据所在月份；L_i 为检查数据所在月份的平均值；H_r 为范围检验参数，可以利用该站（区域）当月历史资料统计的累年 $|L_i - A_i|$ 的最大值确定，也可以设定为 $m \times \sigma_i$，m 可根据该测站数据变化的剧烈程度选取，一般取 $m=3$。

2）年变幅检验（年较差检验）：求本年度各月平均值的最大值 L_{max} 和最小值 L_{min}，如不满足公式（6-13），则判定 L_{max} 和值 L_{min} 所对应月份的数据存在异常，应对本年度数据进一步分析检验。

$$H_1 \leq L_{max} - L_{min} \leq H_2 \tag{6-13}$$

式中，H_1 为利用历史资料统计的累年最小年变幅；L_{max} 为本年度月平均值的最大值；L_{min} 为本年度月平均值的最小值；H_2 为利用历史资料统计的累年最大年变幅。

6.3.4.5 统计检验

（1）概率分布检验

对于具有一定统计特征的农业科学数据，其对应的随机变量和随机过程相互独立且服从一定的概率分布，时间序列数据对应的随机过程通常是平稳的或周期性的。根据数据的统计特性，建立分布拟合函数，进行卡方拟合优度检验（抽样检验数据实际对应的概率密度是否与假设的理论密度函数相一致），最后采用轮次检验方法检验监测数据是否独立，独立的数据通常是异常值。

（2）相关性检验

通过要素间的相互关系检验数据的异常。如：一日内各定时或逐时记录值是否超出日极值，同一监测时刻同一要素不同监测频率的数据应该相等，最大波高必须大于或等于平均波高，高、低潮潮高于逐时超高的关系，波形、波高和海况的关系，风速、波高和周期的关系，海水盐度、温度和密度的关系等。

6.3.4.6 一致性检验

（1）时间一致性检验

监测数据记录的时间应与文件名中的时间一致，否则时间记录异常，须查证修改。

（2）空间一致性检验

也称相邻站一致性检验，对于距离较近的相邻站，受相同天气或气候系统的影响，其温度、湿度、气压、降水、风速等要素常具有一致变化，可采用空间一致性检验。具体方法包括以下几种：

1）月均值距平一致性：L'_A 和 L'_B 为 A 站与 B 站某要素某月的历年月均值距平序列，对于某年（i）某月的月均值距平 L'_{Ai} 和 L'_{Bi}，应满足公式（6-14）：

$$|L'_{Ai} - L'_{Bi}| \leq H_{l1} \tag{6-14}$$

式中，L'_{Ai} 为 A 站某要素某月的历年月均值距平序列；L'_{Bi} 为 B 站某要素某月的历年月均值距平序列；i 为年份序号；H_{l1} 为空间一致性检验参数，通常取 3σ，σ 为 $L'_{Ai} - L'_{Bi}$ 的标准差。

2）监测值变化一致性：V_A 和 V_B 为 A 站与 B 站某要素监测值序列，若 A 站 i 时刻的监测值 V_{Ai} 和 B 站 j 时刻的监测值 V_{Bj} 明显相关，则应满足公式（6-15）：

$$|V_{Ai} - V_{Bj} - \overline{V_{Ai} - V_{Bj}}| \leq H_{l2} \tag{6-15}$$

式中，$V_{Ai} - V_{Bj}$ 为 A 站和 B 站监测值的差；$\overline{V_{Ai} - V_{Bj}}$ 为 A 站和 B 站监测值的差的平均值；H_{l2} 为空间一致性检验参数，通常取 3σ，σ 为 $V_{Ai} - V_{Bj}$ 的标准差。

（3）内部一致性检验

农业科学数据各项之间相互关系密切，其变化规律具有一致性。根据该特性，对相关数据是否保持这种内部关系来检查记录是否合理。主要分为两种情况：

1）同类要素之间：起始时间应小于等于终止时间，要素起始时间应大于等于建站时间，终止时间应小于撤站时间。

2）不同要素之间：监测设备和监测要素的相关性检查，主要判断监测设备的安装和终止时间与监测要素的起始和终止时间之间的一致性。

6.3.4.7 可视化图形绘制检验

在一定的时空范围内监测要素的变化是连续的，通过绘制可视化的图形，直观地显示超出范围的异常数据、突变的异常数据、尖峰值和缺测值等，是人工审核时非常有效的辅助方法。例如，通过绘制各要素的时间序列过程曲线，显示的尖峰值为异常值；绘制同一要素不同监测频率的数据序列过程曲线，相同时刻的监测值，在过程曲线中应重合，否则该时刻的数据异常。

6.3.4.8 综合分析检验

对利用各种方法进行质量控制检出的异常数据进行综合分析，辨别其是否正确，分析错误原因，进行修正或标识质量符。该过程以人工判别和处理为主。

6.4 数据质量评价

数据质量评价是科学数据管理的关键环节。

6.4.1 评价原则

6.4.1.1 科学性原则

质量评价的结果应能正确反映数据资源的质量状况，主要体现在正确的质量指标选择，以及采用科学合理的评价方法等方面。评价必须有一定的理论作为基础，但又不能脱离实际。另外，质量评价的科学性还体现评价的适度简单，评价不能穷尽所有因素，也不能过于简单。

6.4.1.2 客观性原则

评价应是符合实际、客观可信的。评价指标的选择需考虑当前数据资源环境的总体水平，反映出不同学科领域的差异。

6.4.1.3 系统性原则

由于评价对象的广泛性、复杂性，必须使用若干指标来衡量，同时指标间可能相互联系、相互制约。但在评价中，每个指标又必须是独立的，不互相包含的，因此，需考虑指标的层次性、系统性，避免指标间冲突。

6.4.1.4 可操作性原则

科学合理的评价体系应该是可行的、操作方便的，指标的设计要避免过于繁琐，还要考虑指标体系所涉及指标的量化及数据获取的难易程度和可靠性，注意选择能够反映科学数据质量状况的综合指标和具有代表性的指标。

6.4.1.5 针对性原则

科学数据资源种类繁多，数据积累具有持续性，各种资源除了具有与其他资源相同的共性之外，也具有其自身的特殊性。数据质量评价应能充分考虑各类科学数据资源所特有的类型特征，并能将其揭示出来，要在指标的权重和分值上予以区分，以体现其针对性的导向作用。

6.4.2 评价指标

数据质量的评价标准主要包括完整性、一致性、准确性和及时性四个方面。在不同专业领域的应用中，数据质量有着不同的定义和评价标准。

数据质量评价的过程和环境十分复杂，涉及多主体、多维度、多环节和多类型的数据资源。根据 re3data 统计，全球已注册的科学数据平台已经近 2000 个，大多建有对数据质量的规范和标准，但具体要求的维度和内容不同，详细程度也不同。根据代表性的数据质量评估框架（表 6-2）的评价指标，各评估框架的研

表 6-2　数据质量评估框架

评估框架		评价指标
国际组织数据质量评估框架	国际货币基金组织数据质量评估框架（DQAF）	六部分：质量的先决条件、客观性、方法健全性、准确性和可靠性、适用性、可访问性
	经济合作与发展组织统计活动质量框架	八个维度：需求相关性、准确性、及时性、可行性、可解释性、一致性、可信性、成本效益性
	欧盟统计局统计质量保证框架（QAF）	七个维度：相关性、准确性、及时性和准时性、可获取性和清晰度、可比性、对用户需求的感知和评估、成本和受访者的负担
科学数据平台数据质量评估框架	ICPSR 的数据质量评估框架	五部分：数据完整性、可访问性、及时性、访问安全性、可追溯性
	UKDA 的数据质量评估框架	七部分：数据规划、文档化、格式化、存储、保密、道德和同意、版权分享
	DCC 的数据质量评估框架	七部分：与使命的相关性、科学或历史价值、唯一性、不可复制性、成本效益、文档完整性、重新分配的可能性
	ANDS 的数据质量评估框架	FAIR 数据四原则：可查找、可访问、可互操作、可重复使用
	DGI 的数据质量评估框架	DGI 数据治理指导原则：诚信、透明度、可审计性、问责制、标准化、变革管理

究领域不同、出发点不同，数据质量的评价指标不尽相同，但也有一些被普遍认同的指标，如准确性、完整性等数据质量内在属性，以及适用性、可理解性等应用层面的评价指标（黄国彬和陈丽，2021）。

我国数据质量评价指标建设方面，全国信息技术标准化技术委员会提出的《信息技术数据质量评价指标》（GB/T 36344—2018）包含规范性、完整性、准确性、一致性、时效性和可访问性。目前，有20个国家科学数据中心分别建有符合数据特征的数据质量评价指标和规范。国家农业科学数据中心制定的《农业科学数据质量检查与控制规范》（NADC002）从完整性、逻辑一致性、位置精度、时间精度和专题精度五个维度进行数据质量评价。

6.4.3　评价方法

数据质量评价方法是数据质量评价的核心，合理的评价方法能够快速、准确地反映出数据存在的质量问题，得出可靠的评价结果。数据质量评价方法可分为定性评价、定量评价和综合评价三类。

6.4.3.1　定性评价

数据质量的定性评价是根据专业领域知识和个人经验，按照一定的评价标准，从定性的角度对数据资源进行观察、分析、归纳和描述，实质在于数据"质"的分析。常用的定性评价方法有用户反馈法、专家评议法和第三方评测法（蔡莉等，2018）。用户反馈法强调数据使用者主导，数据生产者或管理者协助，突出用户参与感，反映数据存在的本质问题。但由于用户反馈占比较大，评价结果缺乏客观性，专业性不够。专家评议法虽能够弥补用户反馈法针对性、专业性和科学性不足的缺陷，但是过于关注专家评议的结果，缺乏用户的参与。另外，值得注意的是，使用专家评议法时要合理选择评议专家。第三方评测法是通过第三方评测对数据质量进行评价，完全独立于数据生产者、管理者和使用者，评测结果不仅科学有效，而且结果真实，但在使用时要明确评价目的和用户需求。数据质量的定性评价操作较为简单，但缺少客观、量化的分析，评价结果较为模糊，适合小样本数据，不太适合多维度或复杂数据。

6.4.3.2　定量评价

数据质量的定量评价是运用数量分析方法，以数值的形式对数据集总体质量做出判断和评估分析。定量评价能够较好地保证评价结果的科学性和客观性，多用来评价存储在关系型数据库、数据仓库或数据平台的结构化数据。通常采用简单比率、最小/最大值法、加权平均法或正则表达式等算法评价数据的有效性、完整性等指标。例如，借助 SQL 查询语句计算非空字段的个数判断数据的完整性，通过自动化统计工具 LODStats 对关联数据集的 URL 有效性、类、属性、数据类型、RDF 词汇及语言统计进行计算。在数据挖掘中，多通过聚集检测、关联规则或自定义算法对数据质量进行度量，如基于距离的相似度计算和基于信息内容的语义相似度度量（李斐斐等，2017），利用数据和"最近似"间的信息量差异进行定量的分析（韩京宇等，2008b）。在数据库技术中，多通过数据间的属性关系，如函数依赖，通过 SQL 语句判断数据完整性。定量评价强调数量计算，客观性较强，但由于量化标准简单且表面化，难以实现对数据深层次的剖析和评估。例如，全球变化科学数据平台以引文为基础、以引用数据的论文发表的学术期刊影响因子为权重作为核心参数，计算某一数据集的数据影响力；国家农业科学数据中心将数据访问量、下载量、引用等统计指标作为评价数据质量的维度之一。

6.4.3.3 综合评价

综合评价是将定性评价和定量评价有机结合，在定性评价的基础上，引入量化计算，对评价对象做出综合价值判断的数据质量评价方法。综合评价弱化了定性评价中主观因素造成的影响，可有效提升评价结果的科学性，是目前广泛使用的数据质量评价方法。常用的综合评价方法包括层次分析法、德尔菲法、模糊综合评价法和扎根理论等。层次分析法通过构建层次结构模型进行指标权重的确定，由于操作简单方便，在质量评价研究中被广泛使用。德尔菲法是相关领域专家在建立指标体系的基础上，对指标体系维度和指标进行打分，从而筛选和确定关键性维度和指标。模糊综合评价法通过创建隶属函数对模糊性对象进行定量化处理和评价，一般包括建立因素集、权重集、评价集、隶属度函数和隶属度矩阵及复合运算五个步骤，在建立因素集时可与德尔菲法结合使用，在建立权重集时可与层次分析法结合使用。例如，任福等（2001）根据电子地图数据质量特点，通过德尔菲法和层次分析法确定因素集和权重集基础上，利用多层次模糊综合评价法对数据进行质量评价。与其他三种方法不同的是，扎根理论是社科领域的一种质性分析方法，通过对评价对象的分解、归纳和分析，创建编码体系，以非结构化数据评价为主，该方法还可以和层次分析法结合使用。

6.4.4　评价技术

根据评价技术的功能，数据质量评价技术可划分为测量类、分析类和改善类三种。

6.4.4.1　测量类技术

测量类数据质量评价技术主要用于评价数据的完整性、有效性和一致性，包括统计技术和数据库技术。常用的统计技术包括简单比率、最大最小运算、加权法、正则表达式等。数据库技术通常借助 SQL 语言，利用数据间的属性关系进行数据集的分析，或对数据属性字段的缺失记录进行统计，以衡量数据的完整性、一致性等。

6.4.4.2　分析类技术

分析类数据质量评价技术用于分析数据质量问题产生的原因，包括差异分析技术、数据剖析技术和数据挖掘技术三类。差异分析技术既可反映质量问题产生的根源，又可了解数据质量是否满足不同数据角色的需求（蔡莉和朱扬勇，2017），较为典型的是由麻省理工学院 TDQM 项目小组所提出的 IQA 差异分析技术（LEE et al.，2003）。数据剖析技术可对数据集进行统计分析，发现异常数据并进行质量评估，常见的数据剖析工具有 IBM SPSS Modeler、Data Profile 和 Profile Manager 等。数据挖掘技术的目标是确保数据的正确性和有效性，主要包括缺失值分析、异常值分析和简单数据统计分析，常见的分析工具有 Excel、SPSS、Python 和 Minitab 等。

6.4.4.3　改善类技术

改善类数据质量评价技术的目标是改善和提高数据质量，用于解决数据缺失、数据异常、数据重复和数据不一致等问题，具有代表性的是数据清洗技术。例如，同一条数据存在于多个数据集中，而不同数据集的存储标准不一致，语法上相同或相似的不同记录可能代表同一实体（"中国农业科学院"被简称为"中国农科院"或"农科院"），在进行数据集成时，会产生大量的相似重复记录。

相似重复记录的识别主要有排序 & 合并法、建立索引法、机器学习法、基于数据特征识别法、根据上下文信息识别法和基于特定领域知识法。常用的改善类数据质量评价工具有 DaQuinCIS、GuardianIQ 和 IntelliClean 等。

6.5 数据可视化

可视化（visualization）是利用计算机图形学和图像处理技术，将数据转换成图形或图像在屏幕上显示，并进行交互处理的理论、方法和技术，是研究数据表示、数据处理和决策分析等一系列问题的综合技术。随着物联网和移动互联网的蓬勃发展，数据量呈爆炸式增长，数据可视化技术应运而生。数据可视化是一项致力于把抽象的数据或概念转化为适于人类理解和接受的视觉化的信息技术，能够有效呈现数据的重要特征、揭示数据间的内在联系和事务的内部客观规律、对模拟和测量进行质量监控、提高科研开发效率。数据可视化对于从海量数据中发现规律、增强数据表现、提升交互效率具有重要作用。

6.5.1 数据可视化理论

数据可视化是综合数据处理、算法设计、软件开发、人机交互等多种知识和技能，将数据集中的数据以图像、图表、动画等形式展现，并利用数据分析和开发工具发现未知信息的处理过程，属于人机交互、图形学、图像学、统计分析、地理信息等多种学科的交叉学科。

数据可视化的基本思想是将数据库中的每一个数据项作为单个图元元素表示，大量的数据集构成数据图像，同时将数据的各个属性值以多维数据的形式表示，可以从不同的维度观察数据，从而对数据进行更深入的观察和分析。可视化流程以数据流向为主线，数据流经一系列处理模块并得到转换的过程，主要模块包括数据采集、数据处理和变换、可视化映射和用户感知。

6.5.1.1 数据采集

数据采集直接决定数据的格式、维度、尺寸、分辨率和精确度等重要性质，很大程度上决定可视化结果的质量。在设计一个可视化解决方案的过程中，了解数据的采集方法和属性能够有的放矢地解决问题。例如，在农作物分布可视化工作中，了解影像数据的来源、成像原理和信噪比等有助于设计更有效的可视化方法。

6.5.1.2 数据处理和变换

原始数据不可避免地含有噪声和误差，其模式和特征常被隐藏。数据可视化需要将难以理解的原始数据变换成用户可以理解的模式和特征并显示出来，因此，需要进行数据处理和变换（包括去噪、数据清洗、提取特征等），为可视化映射做准备。

6.5.1.3 可视化映射

可视化映射是将数据的数值、空间坐标、数据间的联系等映射为可视化视觉通道的不同元素，如标记、位置、形状、大小和颜色等，最终目的是让用户通过可视化洞察数据和数据背后隐含的现象和规律。可视化映射是整个可视化流程的核心，和数据、感知、人机交互等相互依托。

6.5.1.4 用户感知

用户感知指用户从数据的可视化映射的结果中提取信息和知识。用户的作用除被动感知外，还包括与可视化其他模块的交互。可视化交互是在可视化过程中，用户控制修改数据采集、数据处理和变换、可视化映射各模块而产生新的可视化结果，并反馈给用户的过程。

6.5.2 数据可视化方法

结合数据特征和数据可视化原理，数据可视化方法可以划分为基于几何技术、面向像素技术、基于图标技术和基于层次技术等。

6.5.2.1 基于几何技术

基于几何的可视化技术是以几何画法或几何投影的方式来表示数据库中的数据，包括平行坐标、散点图矩阵和安德鲁斯曲线（Andrews curve）等。

（1）平行坐标

通过多条平行且等距离分布的轴，将多维空间中的一组对象映射到二维平面上，每一条轴线代表一个属性维，多维空间中的对象表示为在平行轴上具有顶点的折线，顶点的位置对应于对象在该维度的数值。平行坐标法是最早提出的以二维形式表示多维数据的可视化技术之一，其优点在于，能够反映数据的多维属性、各维属性之间的关系，以及数据在各维属性之间的趋势。

（2）散点图矩阵

通过二维坐标系中的某一组点来展示变量间的关系，将各个维度数据两两组合，按规律排列绘制成散点图，运用可视化方法与散点图矩阵相结合，加强对多维数据效果的显示。使用散点矩阵图可以清晰地发现变量之间的关系，但受限于屏幕尺寸，当数据维度超过 3 个时，难以直观显示全部维度，需要结合人机交互技术进行展示。

（3）安德鲁斯曲线法

通过坐标系展示可视化效果，将多维数据通过周期函数反映到坐标系曲线中，用户通过观察曲线，感知数据聚类等情况。

6.5.2.2 面向像素技术

面向像素的可视化技术的基本思想是将每一个数据项的数据值对应于一个带颜色的屏幕像素，对于不同的数据属性以不同的窗口分别表示。面向像素技术的特点在于能在屏幕中尽可能多地显示出相关的数据项，对于高分辨率的显示器来说，可显示多达 10^6 数量级的数据。

6.5.2.3 基于图标技术

基于图标的可视化技术的基本思想是通过设计和优化具有良好的可视特性的几何形为图标刻画多维数据，图标的可视化属性（形状、长短、大小等）作为区分数据的维度，利用图标与多维数据之间的联系反映可视化效果。该技术适用于维值在二维平面上具有良好展开属性的数据集，代表性方法有星绘法、切尔诺夫脸谱图法（Chernoff faces）和枝形图方法等。

（1）星绘法

采用由一点向外辐射的形状图案，通过点到线的方式映射出信息维度。星状图形的角映射数据的维度，线段长短反映不同维度的数量值。

（2）切尔诺夫脸谱图法

通过对面部形状、特征等进行识别体现信息维度，并绘制脸部图，直观观察信息数据。由于切尔诺夫脸谱图法更加有趣高效，有利于识别各个重要特征和要素之间的关系，所以很多用户选择使用切尔诺夫脸谱图法。

（3）枝形图方法

首先选取多维属性中的两种属性作为基本的 X-Y 平面轴，在此平面上利用小树枝的长度或角度的不同表示出其他属性值的变化。

6.5.2.4　基于层次技术

基于层次的可视化方法主要针对数据库系统中具有层次结构的数据信息，如人事组织、文件目录、人口调查数据等。基本思想是将 n 维数据空间划分为若干子空间，对这些子空间仍以层次结构的方式组织并以图形表示出来。基于层次的技术包括 Dimensional Stacking、树图、Cone Trees 等方法。树图是其中的一种代表技术，树形结构数据以树图的形式表示时，每一个节点都有一个名称和数值大小，父节点是各子节点大小的总和。树图根据数据的层次结构将屏幕空间划分成一个个矩形子空间，子空间大小由节点大小决定。树图层次则依据由根节点到叶节点的顺序，水平和垂直依次转换，开始将空间水平划分，下一层将得到的子空间垂直划分，再下一层又水平划分，依此类推。对于每一个划分的矩形可以进行相应的颜色匹配或必要的说明。

6.5.3　农业科学数据可视化表达

农业科学数据融合了地域性、季节性、多样性、周期性等特征，数据来源广泛、类型多样、结构复杂。农业科学数据的可视化表达涵盖多维数据、时序数据、网络数据和层次化数据等领域。

6.5.3.1　多维数据可视化

农业科学数据涵盖全产业链的研发、生产、加工、储运、销售、服务等多个环节。选择合适的数据可视化方法，探索数据变化趋势，是进行海量高维农业科学数据处理的首要工作。以新疆为例针对新疆砂土、黑钙土、盐土三种土壤类型，均匀布设 90 个采样点，采集土壤采样检测数据，包含沙含量、有机碳含量、pH、阳离子交换能力和电导率等土壤理化特性指标，采用 Min-max 标准化方法对采样数据的 6 种土壤理化特性指标值进行线性变换，应用平行坐标图进行可视化展示，结果如图6-3所示。

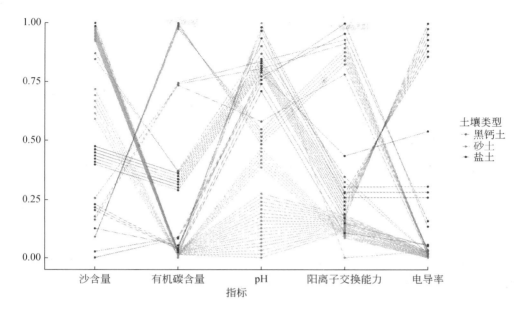

图6-3　基于平行坐标的多维数据可视化展示

6.5.3.2　时间序列数据可视化

农业生产高度依赖气候条件，适宜的气候条件是作物生长发育的关键。温度、降水等气象因素直接影响作物生长、分布界限和产量，因此，研究作物生长季温度时间序列的周期性变化及突变特征，揭示作物生长季平均温度变化趋势，能够为农业生产充分利用热量资源和挖掘农作物生产潜力提供科学依据。例如，采用线性图表示新疆阿勒泰地区的月平均温度数据，可视化结果如图6-4所示。

6.5.3.3　网络数据可视化

农业科学数据领域广、场景多、格局散，具有复杂的网络关系。农业场景与地理、生态、遗传、经济等科学交叉融合，形成了农区、资源环境、育种、农业经济等子门类，通过涉密、公开、商业等各类性质的支撑项目，产出了遥感、基因、土壤、田间、统计、供求等科学数据，涵盖了图像、序列、表格等上百种文件格式。农业科学数据网络关系可视化技术将信息数据通过自动布局、计算，绘

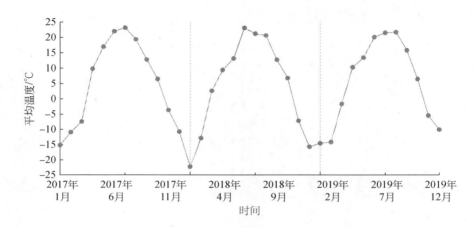

图 6-4　时间序列数据可视化

制成网状结构的图形，应用较为广泛的有力导向布局、圆形布局和网格布局。采用关系图可视化描述的黑土地保护相关的关键词共现网络如图 6-5 所示。

6.5.3.4　层次数据可视化

农业科学数据网络关系复杂，但往往具有一定层次结构。层次结构常被用来描述具有明显层次结构的对象，层次信息数据可视化的方法主要包括节点连接、空间填充、混合方法等。节点连接主要绘制不同形状节点以表示信息数据内容，节点之间连线表示数据之间的关系，代表技术有空间树、圆锥树等。混合方法结合多种可视化技术优点，使认知行为更加高效，代表技术有弹性层次、层次网等。《农业及相关产业统计分类（2020）》全面准确地反映了农林牧渔业生产、加工、制造、流通、服务等全产业链价值，采用树形结构可视化描述农林牧渔业分类，结构如图 6-6 所示。

6.5.4　农业科学数据质量可视化分析案例

可视化分析技术为数据质量评价提供了直观、可交互的可视化环境。采用可视化技术进行农业科学数据质量分析的基本步骤包括数据完整性评价、准确性评价、有效性评价和一致性评价。

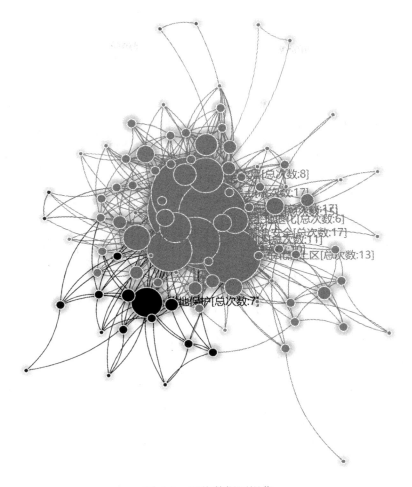

[总次数:8]
[总次数:17]
[总次数:13]
[总次数:6]
[总次数:17]
[总次数:11]
[总次数:13]

地保护[总次数:7]

图 6-5　网络数据可视化

6.5.4.1　数据完整性评价

　　完整性是数据质量评价最基础的标准，数据完整性评价包括数据信息记录缺失检查和字段信息记录缺失检查。对于数据信息记录缺失的检查，可以通过数据关联关系，结合检测起始时间、时间间隔、样本数量等计算信息记录应有数量，对比实际信息记录的数量，判断数据信息是否存在缺失；对于字段信息记录缺失的检测，可通过空值数据的数量、字段的数据量统计值的图表绘制等可视化方式对比得到。图 6-7 为某气象监测站获得的某一时段气象监测信息，总记录数据

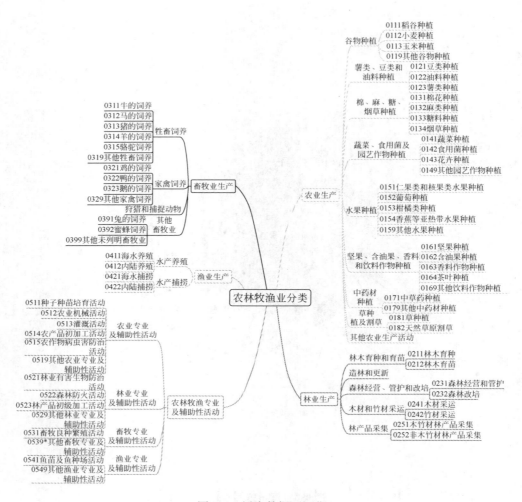

图 6-6　层次数据可视化

139 个，通过直方图可直观得到，字段 1 和字段 3 存在明显的记录缺失。

6.5.4.2　准确性评价

准确性是判断数据值与其描述的客观事物的真实值的接近程度，即数据记录的信息是否存在异常或错误。例如，信息记录人员在填写监测数据时，手误写错了小数点的位置，造成了数据信息与客观事实不一样。图 6-8 是通过箱线图展示的新疆土壤有机碳含量数据的异常值评价。

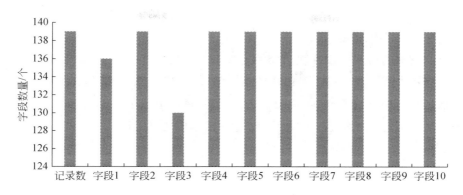

图 6-7　直方图探索数据缺失

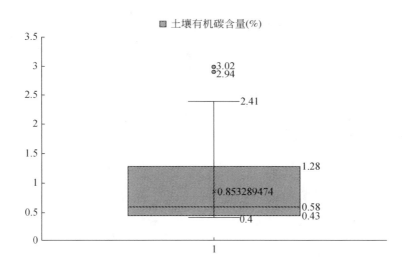

图 6-8　箱线图探索数据异常值

6.5.4.3　有效性评价

有效性是描述数据遵循预定的语法规则的程度，如数据的类型、格式、取值范围等。有效性规则包括类型有效、格式有效和取值有效等。类型有效检测字段数据的类型是否符合其定义，如可以通过求和来判断是否是数值型，通过时间操作来判断是否是时间类型。格式有效性检测可以通过正则表达式来判断数据是否与其定义相符。取值有效检测则通过计算最大最小值来判断数据是否在有效的取值范围之内。

（1）时间范围检验

监测时间的格式有效性须在监测开始和结束时间范围内且取值合理。其中，年份取值不大于当前年份，月份取值范围为 [1，12]，日的取值在 1 和当月的最大天数之间，小时取值范围为 [0，24)，分、秒取值范围为 [0，60)。图 6-9 采用平行坐标法直观展示 5 个监测记录的监测时间的检验结果。

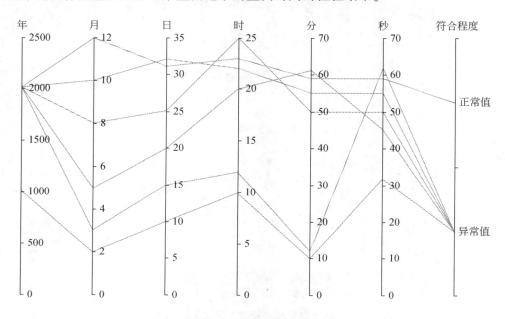

图 6-9　时间范围检验

（2）空间范围检验

监测位置取值合理，最大范围：纬度取值范围为 90°S～90°N，经度取值范围为 180°W～180°E。图 6-10 采用散点图可视化描述监测点位置，黑点为合理空间范围的监测点，灰点为超出监测范围的点位置。

6.5.4.4　一致性评价

数据一致性评价是关联数据之间的逻辑关系的正确性和完整性的评价，包含时间一致性评价、空间一致性评价和内部一致性评价 3 类。时间一致性评价是监测数据记录的时间应与文件名中的时间一致；空间一致性是相邻监测数据的一致

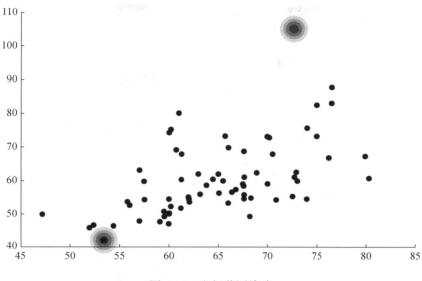

图 6-10　空间范围检验

性评价，对于距离较近的相邻监测样点，受相同天气或气候系统的影响，其温度、湿度、气压、降水、风速等要素常具有一致变化。采用散点图可视化描述某区域 31 个气象监测站的温度信息监测结果如图 6-11 所示。

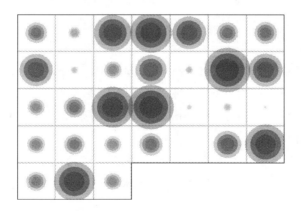

图 6-11　空间一致性检验

7 | 农业科学数据探索

农业科学数据是支持农业科学研究持续发展的重要资源，对数据进行加工之后，数据以标准的元数据存储格式和良好的数据集成方法保存在数据库之中，更加便于数据重用共享。农业科学数据是海量的，数据探索通过数据分析与可视化方法，帮助用户快速提取有效信息，并进行多维度数据展示，最大化用户的数据直觉，辅助用户决策。

7.1 数据探索概念与方法

7.1.1 数据探索概念

数据探索，即探索性数据分析（Exploratory Data Analysis，EDA），是指对已有数据在尽量少的先验假设下通过作图、制表、方程拟合、计算特征量等手段探索数据结构和规律的一种数据分析方法，该方法由美国统计学家 J. K. Tukey 提出。这种数据探索一般是在具有较为良好的样本后，对样本进行解释性分析工作，强调让数据"说话"，让用户直接观察数据结构和特征，了解最真实的数据。数据科学家可以使用数据探索来确保数据分析产生的结果是有效的，并且适用于任何期望的业务结果和目标。

然而，随着信息技术的发展，获取数据的途径增加，大数据呈几何倍数增长。农业科学数据涉及农业微生物学、作物科学、动物科学、农业经济学、畜牧学、生态学、食品科学等多个学科，包含文本、数值、图像、视频、语音等多种数据格式，传统的数据探索方法已经不能满足用户的需求。数据探索可以理解为信息搜索的动态过程，如从研究主题不同维度、层级搜寻组织数据，或从数据实体出发，通过知识网络搜集数据。用户查找数据的过程中，对数据的需求会不断变化。通过数据探索，用户更加了解数据的动态变化，明确研究的预期。

数据探索的结果可以将复杂的分析结果以丰富的图表信息方式呈现给用户。对于农业科学数据，预测结果通常是几种模型分析的结果，当分析变得越来越复杂的时候，可视化图表可以准确、高效、精简而全面地传递信息知识。

数据探索是链接前期数据准备工作与后期数据应用的桥梁。通过数据探索可以了解数据的价值、明确研究目的，并通过可视化方法实现用户与数据的互动，为后期数据应用奠定基础，确立方向。

7.1.2 数据探索方法

7.1.2.1 传统的数据探索方法

传统的数据探索主要针对具有良好样本的数值型数据。首先，分析数据的基本特征，如众数、平均数、中位数、极值、方差和分布等。其次，分析数据与目标特征的关系、数据不同维度之间的关系，主要方法有协方差分析和相关分析。协方差分析可以得到两个变量间的相关性，但协方差大小，并不代表相关性大小。相关分析探索数据之间的正相关、负相关关系，主要方法有 Pearson 相关、Spearman 相关和 Kendall 相关。最后，将数据进行可视化展示给用户，常用的方法有直方图、箱线图、散点图、饼图和柱形图等。

以 2016 ~ 2019 年立项实施的农业及涉农领域 22 个"专项" 396 个项目信息（包括项目基本信息及其对应的数据资源信息）为例，进行数据探索。数据来源于国家农业科学数据中心的数据汇交加工系统，数据类型主要为数值型，使用饼图、柱状图对项目主持单位、项目研究团队特征做初步探索。

图 7-1 展示了不同性质的项目主持单位占比。其中，最主要的两类主体是事业型研究单位和高等院校，两者占比之和高达 87.11%，呈现出较强的农业及涉农领域研究实力。

在主持项目的事业型研究单位中，国家级事业型研究单位占 70%（图 7-2），具有绝对优势。

图 7-3 展示了项目负责人特征，拥有博士学位的项目负责人占 85%，正高级职称占 94.21%。从项目负责人年龄分布来看，年龄最大的为 60 岁（项目申报指南规定的年龄上限），最小的为 32 岁，平均年龄为 50.4 岁（以申报项目当年计算）。其中，45 ~ 55 岁的中年科研人员是牵头承担项目的主要力量，45 岁以下

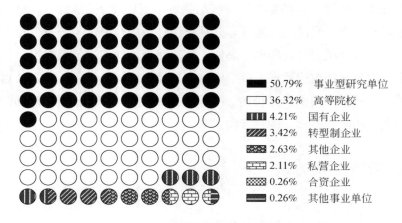

■	50.79%	事业型研究单位
□	36.32%	高等院校
▦	4.21%	国有企业
▨	3.42%	转型制企业
▩	2.63%	其他企业
▤	2.11%	私营企业
▧	0.26%	合资企业
▬	0.26%	其他事业单位

图 7-1　主持单位性质占比情况

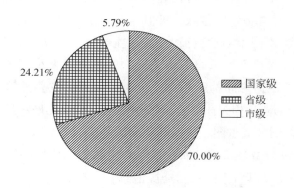

图 7-2　事业型研究单位分布情况

和 55 岁以上的科研人员主持项目数基本持平（图 7-4）。

7.1.2.2　基于维度的数据探索方法

在实际研究中，农业问题常常处于复杂场景中，影响因子很多，往往需要从不同的维度、不同层级进行数据探索。基于维度的数据探索，不仅可用于数值型数据，还可用于多源异构数据。

对于数值型数据，根据研究目标，将影响因素分成不同的维度、层级后，转化为可实现的数据指标查找数据，研究变量之间关系。例如，想要了解不同项目、学科数据产出情况，可以从项目类型、学科、数据集占比、数据量等维度来

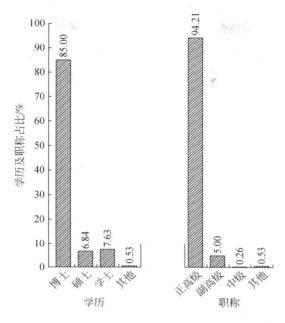

图 7-3　项目负责人学历及职称占比情况

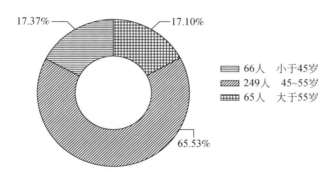

图 7-4　项目负责人年龄分布占比情况

进行研究。

图 7-5 展示了项目类型、数据集占比、数据量占比的关系。农业及涉农领域项目包括 6 类：重大共性关键技术项目、应用示范研究项目、基础前沿项目、国家级国际科技合作基地与平台合作研究类项目、联合研发与示范项目、其他类。其中，重大共性关键技术项目占比为 49.21%，是主要的项目类型；应用示范研

究项目占比接近1/3，是第2大项目类型。从数据集和数据量来看，重大共性关键技术项目和基础前沿项目的项目数占比和与之对应的科学数据特征呈现不同趋势的差异性变化。项目数最多的重大共性关键技术类项目，数据集也最多，但数据量却位于第2位；基础前沿项目的项目数和数据集量均排第3，但数据量却最大。其他4种项目类型特征和科学数据特征则呈现出相同趋势变化，项目数量越多，则数据集越多，数据量也越大。

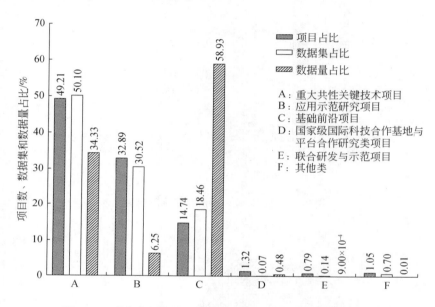

图7-5　不同项目类型的项目数、数据集和数据量占比情况

图7-6展示了不同学科项目数量、数据集占比和数据量占比的关系。学科的项目数与数据集个数基本呈现相同趋势变化，学科的项目数越多，数据集也越多。但是，学科的项目数却与数据量大小呈现不同趋势变化，学科的项目数越多，并不意味着数据量也越大。农业资源与环境科学项目数最多，数据集最大，但数据量却排第4，占7.11%；作物科学项目数排第3，数据集个数排第5，数据量却最大，占46.19%；食品营养与加工科学项目数排第6，数据集个数排第4，数据量却排第7。

对于多源异构数据，需经过提取、转换、清洗，剔除异常值，修复错误信息，再结合学科特点，综合应用统计软件、学科专用软件和可视化软件进行多维数据分析与可视化展示。例如，探索使用光谱和图像分析苹果叶片矿质元素含量

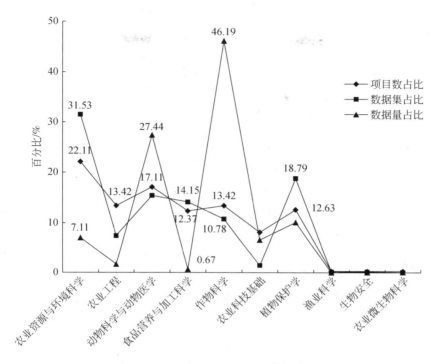

图 7-6　不同学科的项目数、数据集和数据量占比

的方法，需要用到叶片图像数据、光谱数据和矿质元素含量数据。为了使研究更加精准，还需要苹果品种、种植地区、采样时间等维度。这时可以使用数据立方体架构来组织数据，构建多维数据模型。在多维模型中，每一个维度相当于事实表的一个入口，更加便于用户查询使用数据。数据展示可以通过图表或专业的可视化软件，如 Excel、GraphPad Prism、Tableau、ArcGIS、ViewSpecPro 等。对有层级结构的维度，还可以进行数据钻取、上卷等操作（详见 7.2 节）。

7.1.2.3　基于知识网络的数据探索

知识网络也可以称为知识图谱，通过关系将数据与实体、数据与数据、实体与实体关联起来。基于知识网络进行数据探索，能够更加清晰地展示数据间的关系，可以点带面为用户推荐相关数据。在农业领域，《农业科学叙词表》为知识网络的构建提供了基础的本体概念框架，诸多学者并在此基础上不断创新。例如，构建育种数据本体网络，还可以使用国际开放生物医学本体；通过育种知识网络，用户可以根据植物本体查找到与之相关联的信息实体本体、基因关系本体、基因本体，进而查找到表型本体、序列本体。

常用的本体建模工具有 Ontolingua、WebOnto、OntoEdit、Protégé3 等。Ontolingua 是斯坦福大学知识系统实验室（KSL）开发的一个本体开发环境，能够支持本体的维护、共享、合作开发。WebOnto 是基于 Web 的本体编辑器，能提供比 Ontolingua 更为复杂的浏览、可视化和编辑能力。OntoEdit 将本体开发方法论与合作开发和推理的能力相结合，支持 RDF（S）、DAML＋OIL 和 Flogic。Protégé 是由斯坦福大学的 Stanford Medical Informatics 开发的一个开放源码的本体编辑器，界面风格与普通 Windows 应用程序风格一致，用户可以较容易地学习使用。Protégé 支持多重继承，并对新数据进行一致性检查，并且具有很强的可扩展性。

本体网络作为数据组织和调度的核心，存储和查询除需要满足快速、稳定之外，还要根据数据自身提升满足关联查询的需求，通常使用图数据库进行存储。当前，常用的图数据库包括 NebulaGraph、Neo4j、HugeGraph、TigerGraph 等。Nebula Graph 是一款开源的、分布式的、易扩展的原生图数据库，能够承载包含数千亿个点和数万亿条边的超大规模数据集，并且提供毫秒级查询。Neo4j 是最早发力图数据库领域的老牌数据库，支持上亿级别节点和关系的存储和查询，同时也支持分布式环境。HugeGraph 图数据库支持百亿以上的顶点和边快速导入，并提供毫秒级的关联关系查询能力，直接使用 Apache Gremlin 查询语句。TigerGraph 以性能著称的大型图数据库产品提供支持十亿以上节点和关系的存储；但是其社区版仅支持最大不超过 50G 的数据量（详见 7.3 节）。

7.2　数据立方体

农业研究使用的数据可能来自于不同的学科领域，具有多源异构的特点，这时研究者需要一种灵活的技术架构对不同来源的数据进行提取集成并按统一结构存储。数据立方（DataCube）是一种用于数据分析与索引的技术架构，支持数据以多维方式进行建模和分析，便于研究者从不同角度对数据进行分析探索。

7.2.1　基本概念

立方体用三维或更多的维描述一个对象，每个维彼此垂直，数据的度量值发生在维的交叉点上，数据空间的各个部分都有相同的维属性（徐永红，2004）。

维度（dimension）是指观察数据的特定角度，通常研究对象描述属性可以作为相应的维度。其中，维度成员是构成维度的基本单位。

层次（hierarchy）又称为维度的概念分层，是对维度等级的划分，用于在不同细节上对数据进行考察。层次又可分为自然层次和用户自定义层次。例如，对于时间维来说，年、月、日是自然层次，年、季度、月也可以是用户自定义层次。层次可以理解为单位数据聚合的一种路径，一个维可以有多个层次。

度量（measure）是分析对象的值，即用户浏览多维数据时最终要查看的数据信息。

事实表（fact table）用来存储事实的度量值和各个维的外键。多维分析使用的数据来自于事实表。

维表（dimension table）用来存放维的元数据，如维的层次、成员类别等信息描述。通常一个维度对应一个或多个维表。

图 7-7 构建了一个各地粮食产量的数据立方体模型。该模型有三个维度：时间维、空间维和作物类型维。时间维只有一个层次即种植年份，其中 2017、2018⋯2021 是它的维成员。区域维有三个层次分别为省、市、县（区），其中县（区）是它的维成员。作物类型维有两个层次，即作物类型和作物品种，其中作物品种（如中麦 175）是它的维成员。度量值存储在事实表中，该立方体中粮食产量（如 464 千克/亩）为度量值。

数据立方体是为了满足用户进行多角度多层次数据查询与分析建立起来的基于事实和维的数据库模型。立方体只是多维模型的一个形象的说法，但在实际应用中，我们需要观察的角度往往大于三维，如研究病虫害对农作物产量的影响时，需要考虑农作物布局、栽培耕作条件、品种抗性、气候条件等多个维度的数据组合。因此，许多农业数据立方体模型不限于三维，需要根据研究的问题组合更多的维度。数据立方体给予用户创造思维和想象空间，使数据的特征描述更加容易，便于用户从多个角度、多个层面去发现事物的不同特征。

7.2.2 概念模型及实例

数据立方体由维和事实定义，其概念模型主要有星形模式、雪花模式和事实星座模式。星形模式（Star Schema），事实表在中心，周围围绕着连接维表，事

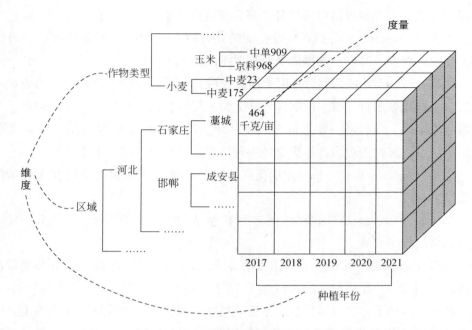

图 7-7　各地粮食作物产量数据立方体

实表含有大量数据，没有冗余。雪花模式（Snowflake Schema），是星形模式的变种，对部分维表进行规范化处理，把数据进一步分解到附加表中。事实星座（Fact Constellations）模式，多个事实表共享维表，该模式把事实间共享的维进行合并，对概念进行分层，有利于数据的汇总。

7.2.2.1　星形模式实例：农业信息立方体

图 7-8 为农业信息数据立方体模型。该模型为星形模式有 7 个维度，分别为行业属性、信息属性、产业链、信息内容、信息形式、时间和地域。事实表中存储了维表的外键和度量值（网页标题、网页内容、信息价值、浏览次数），通过维表外键与维表相关联。农业信息是农业工作者在工作、生活中接触最多的数据，具有综合性、多样性、时效性和地域性等特点。多维农业信息分类模型支持用户从每个维度查看数据，抽取不同维度组合进行数据深度分析，为农业信息个性化推送服务提供理论基础。

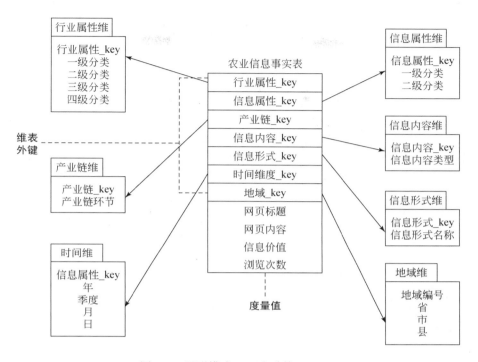

图 7-8　星形模式（王晓乔等，2015）

7.2.2.2　雪花模式实例：农作物估产数据立方体

农作物估产是我国农业领域长期以来进行的一项重要课题，鉴于农作物估产影响因素的复杂性，使用数据立方体技术，构建了农作物估产模型（图 7-9）。该模型为雪花模式，由 6 个非空间维（气象信息、地面信息、遥感信息、时间、作物类型、土地类型）、1 个空间维（区域）和 3 个度量（播种面积、单位产量、区域地图）组成。该模型对地面信息维进行了规范化处理，将土壤条件进一步分解，建立了土壤条件维表。

研究者可以通过多维数据模型获得更多的有效的信息，建立农作物产量与各影响因素的回归模型。再结合专家知识模型，根据地面实测数据、遥感观测数据等信息就可以较为客观、精确地对当年农作物单位产量进行预测。最后通过遥感影像提取播种面积，从而对某地农作物进行产量预测。利用多维分析可以从多个不同角度进行分析比较，挖掘隐藏在数据中的信息。

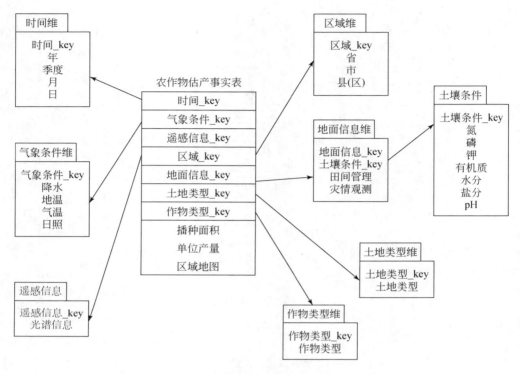

图 7-9　雪花模式（李宏丽等，2007）

数据立方体是面向主题的、集成的、具有时间序列特征的数据集合。数据立方体的信息组织以主题内容为主线。主题可以看作一个较高层次将数据归类的标准，每一个主题基本对应一个宏观分析领域（李宏丽等，2007），如图 7-8 和图 7-9 模型实例围绕农业信息查询和农作物估产主题进行。农业科学数据可能来自于不同的研究任务或系统，具有多源异构的特点，为了提高数据的可用性，需要根据主题进行分析，对数据进行必要的抽取、清理和变换。由于农作物的生长、牲畜的养殖，都有其发展过程和不同的生存空间，时间序列的历史数据和空间序列方位数据是数据集成的重要内容。农业数据立方体通常具有时间维和空间维，便于用户灵活地进行时间、空间趋势分析。

7.2.3　多维分析操作

数据立方常用的多维分析有钻取、上卷、切片、切块和旋转等。钻取和上卷属于数据立方的细分和概括操作，而切片和切块则属于局部分析操作（图7-10）。

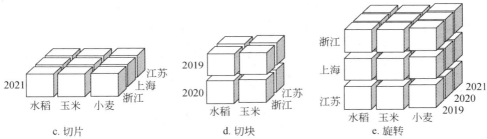

图7-10　多维分析操作示例

（1）钻取

钻取（drill-down）是在维的不同层次间的变化，从上层降到下一层，或者说是将汇总数据拆分到更细节的数据。例如，在地域维上进行钻取来查看杭州、宁波、金华这些地区的粮食产量。

（2）上卷

上卷（roll-up）是钻取的逆操作，即从细粒度向高层的聚合。从数值度量的角度来说，就是得到更具有概括性的数值度量。从某一维度来说，则是按照成员的层次关系由详细到概括，聚集出相应的度量值过程。例如，将江苏、上海、浙江的粮食产量汇总为江浙沪地区粮食产量。

（3）切片

切片（slice）是在数据立方体中，选定某一维度，并取该维度中的成员，得到空间数据立方子集的过程。切片操作通过选择特定维中的特定值进行分析，这样能够舍去一些观测角度，使人们在更少的维度上观察对象，适用于维度较多的数据立方体。例如，可以选择2021年各地粮食作物的产量。

（4）切块

切块（dice）是在数据立方体中选定某一维中特定区间的数据或者某批特定值，进而得到数据立方体子集的过程。例如，选择 2019 年和 2020 年浙江与江苏两省水稻及玉米的产量。

（5）旋转

旋转（pivot）操作是变换数据立方维度的位置，类似于二维表中的行列互换，从不同角度观察度量在维度上的分布。例如，通过旋转实现时间维和地域维的互换。旋转操作并没有改变空间数据立方的度量值，只是改变了观察的角度。

数据立方体可以反映数据内在含义和意义，揭示数据在环境中的作用及数据的关联（师智斌，2010）。多维模型多视角多层次的数据组织模式，让数据的展示更加直观。同时，数据立方体支持对数据的聚合、细分和选取操作，提高了分析的灵活性，满足不同的分析需求。

7.3　数据的网络世界

数据分散地存储在网络世界中并不能直接显示它们的价值，还需要人们进一步挖掘。知识网络可以使人们清晰地了解数据关联，挖掘数据隐藏的价值。

7.3.1　知识网络相关研究

随着信息技术的应用推广，农业科学数据呈指数级生长，存储了大量数据，同时，国际公共数据库还在不断建立。例如，美国国家生物技术信息中心（National Center for Biotechnology Informational，NCBI）、全球蛋白资源数据库（Universal Protein Resource，Uniprot）、国家基因组科学数据中心（CNCB-NGDC）、国家微生物科学数据中心（NMDC）、国家作物种质资源库等生物多样性类数据平台；国家生态科学数据中心、国家地球系统科学数据中心、国家气象科学数据中心等生态环境类数据平台；联合国粮食及农业组织（FAO）、各地区开放政府网站数据等农业经济类数据平台。这些数据库涵盖了大部分的农业科学数据，构成了数据的网络世界。

通过网络，我们可以随时调用世界各地的农业科学数据，如使用遥感数据、作物产量数据、气象数据等来进行农作物估产研究，使用作物基因型数据、表型数据、代谢组学数据来进行作物育种研究，或者使用全球气象和非洲猪瘟发病案例数据进行非洲猪瘟爆发预测研究等。这些研究涉及多学科，使用的数据也非单一种类。用户可以通过不同的平台获取各种类型的数据，但搜寻和筛选数据会耗费大量的精力。数据有价值，但是现有的技术手段不足以支撑数据价值的挖掘。如何从海量的数据中提取出对自己有用的信息，是亟待解决的问题。

2012 年，谷歌推出知识图谱（knowledge graph，KG）概念，为知识管理提供了一种新途径。知识图谱是一个庞大的知识网络模型，能够以结构化的形式描述客观世界中概念、实体及其关系，将领域知识进行显性化沉淀和关联，能够有效解决数据分散、复杂及孤岛化问题（吴赛赛，2021）。

在农业相关领域，张秀红（2020）利用知识图谱相关技术，挖掘遥感影像应用领域相关知识及各种知识之间的逻辑关系；利用本体强大的语义表达能力和推理能力，规范化表达不同应用领域中的概念、属性及概念之间的时空语义关系，消除多源异构遥感影像数据之间的语义冲突，促进用户对遥感影像信息的有效获取和知识内容的共建共享。乔波（2019）利用《农业科学叙词表》、循环神经网络模型、条件随机场模型、集成学习、实体关系联合抽取模型、BERT 模型等理论和方法，开展了农业知识图谱的模式构建和知识获取研究；构建了具有 6 万多个农业叙词实体，以及 21 万多条由叙词实体、关系组成的三元组，提升了农业特定领域实体识别与关系抽取的准确率。刘桂锋等（2022）利用本体原理和本体构建工具 Protege5.5.0，抽取国家农业科学数据中心的数据资源，借助描述数据集的核心元数据实现了"棉麻类作物病原真菌病害数据库"与"微生物农药数据库"的数据集关联，以"棉花病害防治"为主题构建了知识本体，并对科学数据集之间的关联进行可视化，实现知识发现和数据增值。于合龙等（2021）利用知识图谱对水稻病虫害领域复杂的异构数据信息进行结构化存储，构建了包括 1972 个实体及 5226 个实体关系的垂直领域知识图谱，开发了水稻病虫害智能诊断系统，力图解决水稻病虫害领域数据检索、预警与诊断中知识的复杂性及不确定性的问题。任妮等（2021）利用叙词表、文献资料确定本体类及层次和属性，再使用机器学习方法从文献资料和网页信息中抽取实例，最后通过本体描述语言将本体类、属性和实例形式化，构建了番茄病虫害的领域本体，为番茄病虫害信息检索系统、诊断系统等平台的开发提供支撑。曾桢等（2021）针对我国农产品贸易信息缺乏融合的问题，设计了基于 PROV-O 本体的顶层语义结构，复用 Schema.org 等 13 个现有领域本体，描述农产品贸易、利益相关者、供需活动、物流活动语义结构，并基于语义相似度及推理方法，实现多源信息融合。

构建"知识"网络，将用户与知识智能地连接了起来，可以让人们更加便捷地获取信息，从而提升数据的有效供给。

7.3.2 知识网络实例：基于本体的育种数据网络

育种技术关乎我国粮食安全和农业发展，为党和政府所高度重视。现代育种技术（尤其是生物技术的应用）的快速发展，使得作物育种数据呈现信息大爆炸，所获得的育种数据不再局限于单一的田间性状调查结果，同时还存在土壤、气候、水分等动态环境数据，基因表达及分子标记等基因型数据，代谢物动态数据，以及生产管理数据等。信息的大爆炸推动了育种理念的革新，数字化育种日益火热。目前，数据有效供给尚不足以满足育种的实际需求，在这种情况下，构建育种数据本体网络，实现数据之间的深度关联，更加利于数据灵活组织和重复利用。基于本体组织数据，一方面可以实现数据标签的标准化，便于检索和抽取；另一方面能借助本体挖掘数据内部关联，服务数据组织。

7.3.2.1 基础本体网络研究

本体是指一种"形式化的，对于共享概念体系的明确而又详细的说明"。本体提供的是一种共享词表，也就是特定领域之中那些存在着的对象类型或概念及其属性和相互关系。本体可以通过术语（term）的有向图进行表示。

本体网络是通过将临近领域内的多套本体中具有一定关系的术语间进行新关系的构建，从而将多张术语关系图链接为术语网，这张整体性网络即为本体网络（图7-11）。

在育种领域，在国际开放生物医学本体的支持下，已经形成了一系列为学术界所公认的本体，选取其中在育种工作中最重要的5个本体组件+2个基础性的描述本体，形成最初的本体网络，并在此基础上，后期持续进行扩增和丰富（图7-12）。

（1）基因本体

基因本体（geno ontology，GO），是描述基因功能的本体系统。基因本体将所有基因本体分为三大类：描述分子功能的本体，描述细胞组分的本体及描述生物过程的本体。分子功能（molecular function）：描述发生在分子水平上的活性，

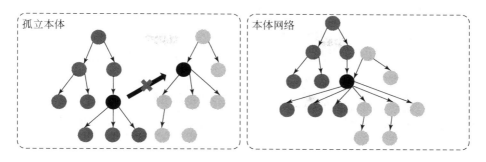

图 7-11　孤立本体与本体网络

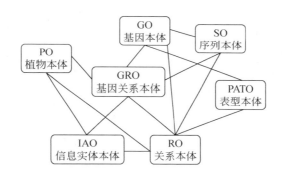

图 7-12　育种数据本体网络

这种活性一般都是由单个基因产物进行的活性，比如"催化活性""结合活性""转运蛋白活性"等。当然，还有小部分活性是通过基因产物的复合物进行的活性，如"腺苷酸环化酶活性""Toll 受体结合"等。细胞组分（cellular component）：描述某些大分子在执行某项分子功能时占据细胞的结构和位置。细胞的位置描述如"质膜的细胞质侧"，细胞的结构描述如"线粒体""核糖体"等。生物过程（biological process）：描述了由一个或多个有组织的分子功能集合共同完成的一系列事件。广泛的生物过程术语如"细胞生理过程""信号传导"等。具体的生物过程术语如"嘧啶代谢过程""α-葡萄糖苷转运"等。

（2）序列本体

序列本体（sequence ontology，SO），是用于定义生物序列特征和关系的本体。SO 不仅可以直接用于序列数据的注释和分析，而且还与 GO 有直接关系。

（3）表型本体

表型本体（phenotype attribute and trait ontology，PATO），是用于定义植物表型的本体。PATO 中直接采用了诸多与 GO 中一致的术语。

（4）植物本体

植物本体（plant ontology，PO），是描述植物解剖学、形态学、生长发育特征和植物基因组学的本体。PO 中直接引用了 GRO、IAO 等多种本体中的术语。

（5）基因关系本体

基因关系本体（gene regulation ontology，GRO），是对基因调控过程进行术语和关系定义的本体。GRO 中引用了 SO 和 GO 的大量术语。

（6）信息实体本体

信息实体本体（information artifact ontology，IAO），是科学家为了服务基因组计划所产生的海量数据而发展出的重要工具，它提供了一系列信息实体（包括数据）进行关联的规范化关系描述。PO 中多处直接引用了 IAO 中的术语。该本体为支撑性本体。

（7）关系本体

关系本体（relation ontology，RO），是开放生物医学本体组织官方定义的基础关系本体，定义了基础性的概念和关系，为上述多个本体所引用。该本体为支撑性本体。

由此也可以看出，得益于开放生物医学本体计划的努力，目前本体与本体之间，已经形成了一系列互通互联的关系，使用本体网络相较于使用多个孤立本体，能够更好地表现跨本体关系。

7.3.2.2　本体注释方法及实例存储设计

数据注释到本体，是后续进行关系抽取和关联的基础。不同的本体需要通过不同的本体注释工具，才能实现数据到术语的关联。由于 GRO 更多地用于描述术语之间的关系，因此下面着重介绍 SO、PATO、PO 和 GO 的注释方法（图 7-13）。

（1）SO 注释方法

SO 本体的术语中，有大量直接对 INSDC 规范的转译/引用。而所有已经存在参考基因组的物种，其基因组注释文件中均遵照 INSDC 规范提供了对应说明，因此以基因组注释文件为中介，SO 的注释方法为：通过 BLAST 工具，将基因数

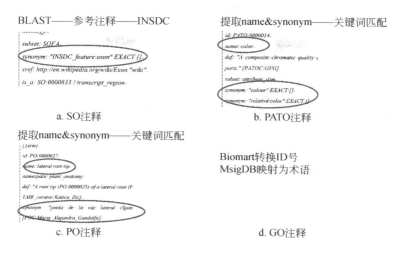

图 7-13　注释方法示例

据映射至物种参考基因组注释文件，然后从参考基因组文件映射至 SO，形成 SO 注释。

（2）PATO 注释方法

PATO 的词条主要是性状及性状描述。因此，可以直接采用关键词提取的方法进行注释。PATO 的主要注释方法为：对 PATO 每个术语的 name、synonym 字段进行提取，与数据字段进行关键词匹配。

（3）PO 注释方法

PO 的词条内容和结构与 PATO 类似，同样以关键词为主。其注释方法为：对 PO 每个术语的 name、synonym 字段进行提取，与数据字段进行关键词匹配。

（4）GO 注释方法

GO 注释已有多种较为完善的工具，可以提供从基因名称到 GO 词条的映射，关键在于构建基因名称的转换。由于数据中可能使用 symbol 号、gene ID 等多种不同形式表征基因名称，因此 GO 注释方法统一为通过 Biomart 工具转换，然后通过 clusterProfiler 将基因名称映射为 GO 术语。

（5）数据实例存储

为了满足海量数据存储、查询和组织的需求，选择独立建立微表的方式进行数据梳理存储。如图 7-14 所示，格式化数据存储至关系型数据库，非格式化数据存储至文件系统。每条数据记录均对应注释信息表的一行注释信息及一张字段注释表，注释信息表中保存有4种本体术语在图数据库中的ID，字段注释表为稀疏表，对应数据中每个字段或内部语义中逐条对应的本体注释。

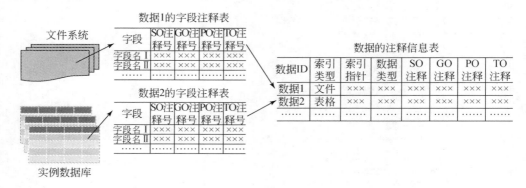

图 7-14　数据存储示例

7.3.2.3　分级 relation 跨本体关系设计

基于上述步骤形成的本体网络，反映的仅为已经在本体构建过程中定义完毕的跨本体关系，仍然存在较大空间扩展跨本体的术语关系，需要进一步增加组织化程度。

由于生命活动的复杂性，在新增关系的过程中极有可能出现错误定义等情况。例如，某基因可能在水稻中与某表型相关，但并不具备在玉米、小麦等品种中的普适性。因此，为了在构建关系的过程中不引入新的错误，借鉴临床医学中分级证据的方法，定义分级关系。

分级证据是临床医学中为了保证临床工作严谨性所采用的方法。以美国NCCN（美国国立癌症研究体系）为例，其在发布的权威性临床指南中，采用四级证据分类体系，即I类、IIA类、IIB类和III类，从前到后，证据支撑水平逐渐降低。国内测序企业在提供基因检测报告和报告解读的过程中，也大致依据类似的分级策略。因此，参考这种分级证据体系，同样制定四级关系体系。

首先，定义五种相关性，即定义相关、语义相关、生物网络相关、统计相关和参考物种相关。定义相关，即术语A在定义过程中，直接标注为参考了术语B，或者认为与术语B相关。语义相关，即术语A的语义解释与术语B的语义解释类似；生物网络相关，即术语A在生物网络中的直接下游产物与术语B相关；统计相关，即通过WCGNA或其他分析手段，判断术语A与术语B相关；参考物种相关，即在某物种中已有实验证实术语 A 与术语 B 相关。

基于四种相关性，制定四级分类体系如下：①Ⅰ级相关：定义相关。②Ⅱ级相关：其他四种相关全部具备证据。③Ⅲ级相关：其他四种相关中具备两或三种证据。④Ⅳ级相关：孤证，四种相关中仅具备一种证据。

7.3.2.4 关系推理

（1）本体内关系推理

根据开放生物医学本体组织定义的生物学本体基础关系，除去各本体中自定义关系外，推理上可用的基础关系如下表 7-1 所示。

表 7-1 基础关系表

关系	描述
is a	这是最基本的关系。如果说 A is a B，意味着节点 A 是节点 B 的子类型/亚型。例如，有丝分裂细胞周期是细胞周期，或裂解酶活性是催化活性
part of	用于表示部分—整体关系。part of 具有特定含义，如果 B 必然是 A 的一部分，则只在 A 和 B 之间添加这一关系：B 存在的地方，它就是 A 的一部分，B 的存在意味着 A 存在。但是，在 A 存在时，不能确保 B 存在
has part	用于表示部分—整体关系。与 part of 一样，has part 部分仅用于 A 总是将 B 作为一部分的情况，即 A 必然（has part）具有部分 B 的情况。如果 A 存在，则 B 将始终存在；但是，如果 B 存在，不能肯定 A 存在
regulates	描述一个过程直接影响另一个过程或质量的表现的情况的关系，即前者调节后者。调节的目标可以是另一个过程，如调节某个酶促反应。假如 B regulates A，意味着 B 调节 A

推理则遵循表 7-2 所示规则。

表 7-2 基础关系推理规则表（列为第一关系）

关系	is a	part of	has part	regulates
is a	is a	part of	has part	regulates
part of	part of	part of	—	—
has part	has part	—	has part	—
regulates	regulates	regulates	—	—

（2）分级相关性关系推理

四级相关性关系推理的定义如表 7-3 所示。

表7-3   分级相关性关系推理表

关系	Ⅰ级相关	Ⅱ级相关	Ⅲ级相关	Ⅳ级相关
Ⅰ级相关	Ⅰ级相关	Ⅱ级相关	Ⅲ级相关	Ⅳ级相关
Ⅱ级相关	Ⅱ级相关	Ⅲ级相关	Ⅲ级相关	Ⅳ级相关
Ⅲ级相关	Ⅲ级相关	Ⅲ级相关	Ⅲ级相关	Ⅳ级相关
Ⅳ级相关	Ⅳ级相关	Ⅳ级相关	Ⅳ级相关	Ⅳ级相关

注：列为第一关系

7.3.2.5   本体网络实例

（1）育种数据本体网络初步构建

多个本体经解析后，7 套本体共有 51 275 条术语，193 322 条关系，经术语归并和跨本体关系重建后，保留 46 834 条术语，关系数增至 205 418 条。可以直接通过 HugeGraph-Hubble 工具进行简单可视化（图7-15）。

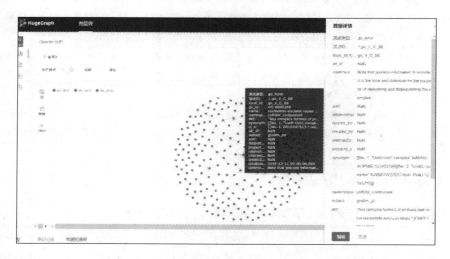

图 7-15   使用可视化界面展示的部分本体数据示例界面

（2）本体注释、推理及实例组织

以水稻 *OsGKpm* 基因数据（图7-16）为例，经注释后，得到的字段注释表如表7-4 所示，数据注释表记录如表7-5 所示。

```
>OsGKpm|V2
CAAACAAATCACTCCAATCCCCACATCGGCAGCACATCCCCCTTCGCTCCCCTCCTCG
TCGCCCTCCTCTGCCCTCCCCTCCCCTCCCTCCTTCCGGAACCTTCTAGATGCTTCTCACGC
GAAGGTTCTCCTCCGCCCTCGCGCGCTCCCCCCTTCTCCCCAGGTCCCTCCCTCCTCC
GCGGGCCGTGCCCGCCACCCCTCCGGCGCCCCGCCCGCGCCGCGCCGCCTCATGTC
CTCCTCCTCCTCCGGCTGGCACCACTCCTCTCGCCCGCCCCCG……
```

图 7-16　*OsGKpm* 基因 fasta 数据

表 7-4　字段注释表

字段	SO 注释号	GO 注释号	PO 注释号	PATO 注释号
Title		GO_ 0004385 （鸟苷酸激酶活性）		
Function				PATO_ 0000014 （颜色）
Function		GO_ 0009658 （叶绿体发生和组装）		
Function		GO_ 0048366 （叶发育）		
Function		GO_ 0009266 （温度响应）		
Function			PO_ 0000013	
1_ 298	SO_ 0000147 （外显子）			
299_ 430	SO_ 0000147			
431_ 622	SO_ 0000147			
623_ 1346	SO_ 0000147			

表 7-5　数据注释表 （仅呈现注释字段）

数据 ID	…	SO 注释	GO 注释	PO 注释	PATO 注释
数据 1	…	SO_ 0000842 （基因编码区）	GO_ 0004385 （鸟苷酸磷酸激酶活性）	PO_ 0000013 （茎生叶）	PATO_ 0000014 （颜色）
…	…	…	…	…	…

　　通过推理得到所有上位术语还包括 SO：0000704 （基因）、SO：0001411
（生物学意义片段）、SO：0005855 （广义基因）、GO：0016776 （磷基转移酶活
性）、GO：0016772 （含磷基团转移活性）、GO：0016740 （转移酶活性）、GO：

0003824（酶活性）、GO：0003674（分子功能）、PO：0009025（叶）、PATO：0001300（光合能力）、PATO：0000051（形态学）等。由此，可满足多种不同研究层次调用和组织该数据的需求。

参 考 文 献

蔡莉，梁宇，朱扬勇，等 . 2018. 数据质量的历史沿革和发展趋势 ［J］. 计算机
　科学，45（4）：1-10.

蔡莉，朱扬勇 . 2017. 大数据质量 ［M］. 上海：上海科学技术出版社 .

柴苗岭，黄琳，任运月 . 2020. 重要开放农业科学数据资源建设现状综述 ［J］.
　农业图书情报学报，32（10）：25-34.

陈俊菡 . 2021. 基于机器学习法的大豆加工贸易企业海关风险评估模型研
　究 ［D］. 北京：中国农业科学院 .

陈曙东，欧阳小叶 . 2020. 命名实体识别技术综述 ［J］. 无线电通信技术，46
　（3）：251-260.

陈爽，刁兴春，宋金玉，等 . 2013. 基于伸缩窗口和等级调整的 SNM 改进方
　法 ［J］. 计算机应用研究，（9）：2736-2739.

崔凯，吴伟伟，刁其玉 . 2019. 转录组测序技术的研究和应用进展 ［J］. 生物技
　术通报，35（7）：1-9.

丁梦苏，陈世敏 . 2017. 轻量级大数据运算系统 Helius ［J］. 计算机应用，（2）：
　305-310.

高飞，周国民，满芮 . 2022. 基于生命周期理论的农业科学数据中心化管理模
　式 ［J］. 大数据，8（1）：24-36.

高昆鹏 . 2022. 利用易语言开发基于 Excel 的自动化数据提取工具 ［J］. 电脑知
　识与技术，18（6）：52-75.

郭晓峰，姚长青，吴国雄，等 . 2015. 利用 DOI 识别科技期刊官方网站的意义与
　方法 ［J］. 中国科技期刊研究，26（10）：1109-1112.

郭义成 . 2016. 二代测序数据的处理及在微进化与肿瘤代谢中的应用 ［D］. 合
　肥：中国科学技术大学博士学位论文 .

国家科技基础条件平台中心 . 2019. 国家科学数据资源发展报告 2018 ［M］. 北
　京：科学技术文献出版社 .

韩京宇，宋爱波，董逸生．2008a 数据质量维度量化方法［J］．计算机工程与应用，44（36）：1-6.

韩京宇，徐立臻，董逸生．2008b．数据质量研究综述［J］．计算机科学，35（2）：1-5，12.

贺雅琪．2018．多源异构数据融合关键技术研究及其应用［D］．成都：电子科技大学硕士学位论文．

胡国铮，干珠扎布，余沛东，等．2020．基于农业环境的农业科学观测数据融合研究［J］．农业大数据学报，（4）：86-94.

胡卉，吴鸣．2016．嵌入科研工作流与数据生命周期的数据素养能力研究［J］．图书与情报，（4）：125-137.

胡林．2021．农业科学数据工作指引［M］．北京：中国农业科学技术出版社．

胡振宇，石宣化，柯志祥，等．2020．基于程序分析的大数据应用内存预估方法［J］．中国科学：信息科学，（8）：1178-1196.

花延文．2022．基于多源数据融合的水质评价及预测方法研究［D］．邯郸：河北工程大学硕士学位论文．

黄国彬，陈丽．2021．国外科学数据质量评估框架比较研究［J］．图书与情报，（1）：97-107.

黄松，霍宏，方涛．2006．基于 WEB SERVICES 的地名辞典服务的研究与实现［J］．计算机工程与应用，（5）：220-222.

黄维宁．2020．融合知识组织的数字资源整合配置方法——大数据与数据科学视角［J］．四川图书馆学报，（5）：18-21.

黄莺．2013．元数据质量的定量评估方法综述［J］．图书情报工作，57（4）：143-148.

吉德拉·R.2021.数据融合数学方法：理论与实践［M］．王刚，贺正洪，王睿，等，译．北京：国防工业出版社．

江洪，王春晓．2020．基于科学数据生命周期管理阶段的科学数据质量评价体系构建研究［J］．图书情报工作，（10）：19-27.

江千军，桂前进，王磊，等．2022．命名实体识别技术研究进展综述［J］．电力信息与通信技术，20（2）：15-24.

金瑾，刘伟，王正刚，等．2020．海关智能化风险防控方法研究［J］．软件工程，23（10）：22-34.

匡俊搴，赵畅，杨柳，等.2022. 一种基于深度学习的异常数据清洗算法［J］. 电子与信息学报，44（2）：507-513.

冷芳玲.2008. 支持高效查询的数据立方构建技术研究［D］. 沈阳：东北大学博士学位论文.

李冬梅，罗斯斯，张小平，等.2022. 命名实体识别方法研究综述［J］. 计算机科学与探索，16（9）：1954-1968.

李斐斐，张建华，朱孟帅，等.2017. 农业数据质量及评估方法探讨［J］. 安徽农业科学，45（36）：221-223，258.

李光达，常春.2009. 构建本体时获取概念方法研究［J］. 情报科学，5（2）：15-19.

李国才.2020. Excel 软件在无损检测资料整理中的应用研究［J］. 电脑编程技巧与维护，（12）：106-108.

李宏丽，彭沛全，方立刚.2007. 基于空间数据仓库的农作物估产研究［J］. 农机化研究，（3）：162-164，167.

李健，余悦.2018. 合作网络结构洞、知识网络凝聚性与探索式创新绩效——基于我国汽车产业的实证研究［J］. 南开管理评论，21（6）：121-130.

李旭晖，秦书情，吴燕秋，等.2018. 从计算角度看大规模数据中的知识组织［J］.图书情报知识，（6）：94-102.

李志林.2005. 地理空间数据处理的尺度理论［J］. 地理信息世界，3（2）：1-5.

梁丹丹，李忆涛，郑晓皎，等.2018. 代谢组学全功能软件研究进展［J］. 上海交通大学学报（医学版），38（7）：805-810.

廖文杰，赵丽梅.2021. 区块链技术在科学数据监管中的应用构想［J］. 图书馆学刊，43（8）：77-84.

林爱群.2009. 机构知识库元数据的自动生成与评估研究［J］. 图书馆学研究，（7）：21-23，10.

刘桂锋，程铄，刘琼.2022. 科学数据融合的影响因素模型构建及阐释研究［J］. 情报资料工作，（6）：87-94.

刘桂锋，聂云贝，刘琼.2021. 数据质量评价对象、体系、方法与技术研究进展［J］.情报科学，39（11）：13-20.

刘桂锋，杨倩，刘琼.2022. 农业科学数据集的本体构建与可视化研究——以"棉花病害防治"领域为例［J］. 情报杂志，41（9）：143-149，175.

刘佳，夏晓蕾，王姝，等.2020. 科技资源标识服务系统及创新应用［J］．数据与计算发展前沿，(6)：62-73.

刘家真，廖茹.2009. 电子文件管理元数据的质量控制与管理［J］．图书情报知识，(6)：91-96, 102.

刘莉.2012. 中文时间事件关系识别的方法研究［D］．重庆：重庆大学硕士学位论文.

刘立群.2013. 基于时间信息的舆情话题发现技术研究［D］．哈尔滨：哈尔滨工业大学硕士学位论文.

刘贤赵.2004. 论水文尺度问题［J］．干旱区地理，24 (1)：61-65.

刘晓娟，刘群，余梦霞.2019. 基于关联数据的命名实体识别［J］．情报学报，38 (2)：191-200.

刘晓俊.2019. 面向农业领域的命名实体识别研究［D］．合肥：安徽农业大学硕士学位论文.

卢林竹，王智浩，蒋益兰，等.2021. 基于 Python 语言构建名中医医案数据挖掘平台［J］．世界科学技术，(9)：3188-3194.

卢鹏，金静静，曹培健，等.2021. 植物及烟草表型组学大数据研究进展［J］．烟草科技，54 (3)：90-100, 12.

陆丽娜，尹居峰，于啸，等.2022. 基于联盟链的农业科学数据共享模型构建研究［J］．图书情报工作，(17)：60-68.

陆丽娜，尹丽红，于啸，等.2022. 基于区块链的农业科学数据管理场景模型构建研究［J］．情报科学，(9)：20-25.

罗伯特·斯考伯，谢尔·伊斯雷尔.2014. 即将到来的场景时代［M］．北京：北京联合出版公司.

罗洪，张丽敏，夏艳，等.2015. 能源植物高粱基因组研究进展［J］．科技导报，33 (16)：17-26.

罗乐，刘轶，钱德沛.2016. 内存计算技术研究综述［J］．软件学报，(8)：2147-2167.

罗晓丹，孙春梅，霍治邦.2019. 基于 mysql 数据库的西瓜育种自动化综合管理系统的建立［J］．农业科技通讯，(1)：129-130, 215.

马文峰，杜小勇.2007. 关于知识组织体系的若干理论问题［J］．中国图书馆学报，33 (2)：13-17.

马文峰，张虎.2022.2021 年中国及全球小麦市场分析与 2022 年上半年展望及建议［J］.粮食加工，47（02）：1-5.

潘兴强，马瑞，杨天池，等.2022.应用 Python 编程语言构建宁波市水痘发病率预测的季节性 ARIMA 模型［J］.中国疫苗和免疫，（1）：83-87，104.

齐惠颖，郭建光.2018.基于 CDISC 标准的多源临床研究数据整合关键技术与实现［J］.数据分析与知识发现，（5）：88-93.

齐艺兰.2014.ERP 系统的数据质量评价研究［D］.西安：西安电子科技大学硕士学位论文.

乔波.2019.基于农业叙词表的知识图谱构建技术研究［D］.长沙：湖南农业大学博士学位论文.

乔旭霞.2009.气象科技论文中时间的表示方法［J］.陕西气象，（6）：42-43.

曲晓慧，安钢.2003.数据融合方法综述及展望［J］.舰船电子工程，（2）：2-4，9.

任福，蔡忠亮，邬国锋，等.2001.基于 ATLAS2000 软件包的多媒体电子地图集解决方案［J］.地图，（4）：5-9.

任福兵，王朋.2022.基于多源数据的高校画像构建与应用场景研究［J］.高校图书馆工作，42（2）：34-40.

任妮，鲍彤，沈耕宇，等.2021.基于深度学习的细粒度命名实体识别研究——以番茄病虫害为例［J］.情报科学，39（11）：96-102.

莎仁，梁琼芳，李长明，等.2020.大数据实体识别相关技术研究［J］.软件导刊，19（3）：125-127.

沈思，朱丹浩.2017.基于深度学习的中文地名识别研究［J］.北京理工大学学报，37（11）：1150-1155.

盛丹丹.2016.面向农业领域知识库构建的数据清洗方法优化研究［D］.北京：中国农业科学院硕士学位论文.

师智斌.2010.高性能数据立方体及其语义研究［D］.北京：北京交通大学博士学位论文.

石浩然.2016.基于二代测序的转录组数据分析方法的比较研究［D］.雅安：四川农业大学硕士学位论文.

宋立荣.2016.基层科技报告资源建设中元数据质量评估研究——以中国科学技术信息研究所为例［J］.中国科技资源导刊，48（1）：57-66.

苏理宏，李小文，黄裕霞 . 2004. 遥感尺度问题研究进展 ［J］. 地球科学进展，16（4）：544-548.

孙琳，张秋菊，王文佶，等 . 2017. 基于色谱-质谱平台的代谢组学数据预处理方法 ［J］. 中国卫生统计，34（3）：518-522.

孙庆先，李茂堂，路京选，等 . 2007. 地理空间数据的尺度问题及其研究进展 ［J］. 地理与地理信息科学，23（4）：53-56，80.

孙艳艳，毛卫南，毛宇斐，等 . 2020. 基于区域科技资源服务平台的虚拟创新生态系统构建研究 ［J］. 数据与计算发展前沿，（5）：30-40.

王东波 . 2021. 基于数字孪生的智慧图书馆应用场景构建 ［J］. 图书馆学研究，（7）：28-34.

王鸿鹏 . 2021. Excel 数据分析处理功能在招生录取中的应用 ［J］. 科技资讯，（33）：8-10.

王今，蔡世魁，汪海燕，等 . 2022. 基于态势感知技术的电网潮流计算模型 ［J］. 电器工业，（11）：18-21.

王林雪，吴玉贝 . 2015. 科技资源统筹下技术创新集成服务机制研究 ［J］. 科技进步与对策，32（23）：15-20.

王朋伟，王伟锋，赵天宇 . 2020. 基于 VBA 大批量处理水质分析试验数据的方法 ［J］. 勘察科学技术，（2）：10-13.

王姝，晏敏，刘佳，等 . 2019. 基于区块链的科学数据标识技术创新应用模式 ［J］. 数据与计算发展前沿，（6）：62-74.

王薇 . 2013. 基于关联数据的图书馆数字资源语义融合研究 ［D］. 南京：南京大学硕士学位论文 .

王晓乔，廖桂平，王访，等 . 2015. 基于用户需求的多维农业信息分类模型研究——以湖南省油菜网络信息为例 ［J］. 中国农学通报，31（32）：253-260.

王永厚 . 2003. 掌握农时促发展 ［J］. 农村·农业·农民，（5）：1.

王勇健，孔俊花，范培格，等 . 2022. 葡萄表型组高通量获取及分析方法研究进展 ［J］. 园艺学报，49（8）：1815-1832.

邬建国 . 2000. 景观生态学：格局、过程、尺度与等级 ［M］. 北京：高等教育出版社 .

邬伦，刘磊，李浩然，等 . 2017. 基于条件随机场的中文地名识别方法 ［J］. 武汉大学学报（信息科学版），42（2）：150-156.

吴赛赛．2021．基于知识图谱的作物病虫害智能问答系统设计与实现［D］．北京：中国农业科学院硕士学位论文．

夏义堃，管茜．2021．基于生命周期的生命科学数据质量控制体系研究［J］．图书与情报，（3）：23-34.

夏义堃，管茜．2022．政府数据资产管理的内涵、要素框架与运行模式［J］．电子政务，（1）：2-13.

鲜国建，赵瑞雪，孟宪学．2013．农业科技多维语义关联数据构建研究［M］．北京：中国农业科学技术出版社．

相诗尧．2017．移动对象多维属性空间数据立方构建及分析应用研究［D］．北京：中国矿业大学（北京）硕士学位论文．

信俊昌，王国仁，李国徽，等．2019．数据模型及其发展历程［J］．软件学报，（1）：142-163.

徐小卫，杨亚洲．2022．Python 第三方库 xlwings 在 Excel 数据处理中的应用［J］．电脑编程技巧与维护，（9）：119-121.

徐永红．2004．多维数据模型与 OLAP 实现［J］．中国金融电脑，（11）：49-52.

许晓萍．2021．EXCEL 数据处理在高校公共基础课程教学中的应用实践［J］．大学，（7）：155-157.

闫梦宇，钟志农，景宁，等．2019．文本地理编码关键技术研究与分析［J］．测绘通报，（5）：72-76.

阎峰．2018."场景"即生活世界［D］．上海：上海师范大学博士学位论文．

阎卫，吴霞暖．2020．内容资源数据加工术语辨析［J］．科技传播，12（20）：130-132.

杨传汶，徐坤．2015．基于生命周期的动态科学数据服务模式研究［J］．图书馆论坛，35（10）：82-87.

杨立新，陈小江．2016-07-13．衍生数据是数据专有权的客体［N］．中国社会科学报，5.

杨林，钱庆，吴思竹．2016．科学数据管理生命周期模型比较［J］．中华医学图书情报杂志，25（11）：1-6.

杨青云．2018．基于大数据背景下智慧教育云平台的设计与实现［J］．数码世界，（3）：134-135.

于合龙，沈金梦，毕春光，等．2021．基于知识图谱的水稻病虫害智能诊断系统［J］.华南农业大学学报, 42（5）：105-116.

曾桢, 陈璟浩, 毛进, 等.2021.贸易信息关联与融合本体研究——以农产品贸易为例［J］.情报科学, 39（3）：120-127, 135.

张红, 程传祺, 徐志刚, 等.2020.基于深度学习的数据融合方法研究综述［J］.计算机工程与应用, 56（24）：1-11.

张佳星.2021-12-31.我国瞄准智慧育种4.0时代进发［N］.科技日报, 1.

张建中, 方正, 熊拥军, 等.2010.对基于SNM数据清洗算法的优化［J］.中南大学学报（自然科学版）, 41（6）：2240-2245.

张静蓓, 任树怀.2016.国外科研数据知识库数据质量控制研究［J］.图书馆杂志,（11）：38-44.

张立茂, 吴贤国, 王欣怡, 等.2019.基于社会网络分析的BIM设计人员行为挖掘研究［J］.工程管理学报, 33（1）：6-10.

张涛, 宗文红, 蔡佳慧.2012.区域卫生信息平台数据质量管理初探［J］.中国卫生信息管理杂志, 9（6）：7-10.

张晓庆.2020.多源数据采集的水上水下一体化河道三维场景构建［D］.郑州：郑州大学硕士学位论文.

张秀红.2020.基于知识图谱的遥感影像应用领域知识服务研究［D］.武汉：武汉大学博士学位论文.

赵春江.2019.植物表型组学大数据及其研究进展［J］.农业大数据学报,（2）：5-18.

赵华, 王健.2014.元数据标准与我国农业科学数据元数据［J］.中国科技资源导刊,（5）：79-83.

赵丽梅.2021.基于区块链理念的科学数据溯源研究［J］.科技管理研究, 41（23）：200-204.

郑洪浩, 宋旭晖, 于洪涛, 等.2021.基于深度学习的中文命名实体识别综述［J］.信息工程大学学报, 22（5）：590-596.

周秋香, 余晓斌, 涂国全, 等.2013.代谢组学研究进展及其应用［J］.生物技术通报, 29（1）：49-55.

朱昱光, 王立翔, 贾浩松.2017.使用xlwings扩展Excel——以防雷文档管理为例［J］.价值工程,（7）：175-177.

邹志远.2017.元数据质量控制措施研究［J］.技术与市场, 24（1）：167.

BARTON J, CURRIER S, HEY J M N. 2003. Building Quality Assurance into Metadata Creation: an Analysis based on the Learning Objects and e- prints Communities of Practice. http: //www. unt. edu/wmoen/publications/GILSMDContentAnalysis. htm (2022-10-11) .

BERARD G L, BOBICK J E. 2011. Science and Technology Resources: A Guide for Information Professionals and Researchers [M] . Westport: Libraries Unlimited.

BRUCE T R, HILLMAN D I. 2003. The Continuum of Metadata Quality: Defining, Expressing, Exploiting [A] . Dianel Hillmann. Elaine L. Weatbrooks. Metadata in Practice [C] . Chicago: American Library Association, 2004: 238-256

BRUNO R, FERREIRA P. 2018. A study on garbage collection algorithms for big data environments [J] . ACM Computing Surveys (CSUR), 51 (1) : 20. 1-20. 35.

CAMEROR C , SINGER J, VENGEROV D . 2015. The judgment of forseti: economic utility for dynamic heap sizing of multiple runtimes [J] . ACM SIGPLAN Notices, (11) : 143-156.

COHEN N, PETRANK E. 2015. Data structure aware garbage collector [J] . ACM SIGPLAN Notices, 50 (11): 28-40.

DASU T, JOHNSON T. 2003. Exploratory Data Mining and Data Cleaning [M]. New York: John Wiley.

DDI ALLIANCE. 2010. Overview of the DDI Version 3. 0 Conceptual Model [EB/OL] . http://opendata foundation n. org/ddi/srg/Papers/DDIModel _ v _ 4. pdf [2010- 7- 10].

DILEO M V, STRAHAN G D, DEN BAKKER M, et al. 2011. Weighted correlation network analysis (WGCNA) applied to the tomato fruit metabolome [J] . PloS One, 6 (10): e26683.

DU X, ZEISEL S H. 2013. Spectral deconvolution for gas chromatography mass spectrometry- based metabolomics: Current status and future perspectives [J] . Comput Struct Biotechnol J, 4 (5): 1-10.

DUSHAY N, HILLMANN D I. 2003. Analyzing Metadata for Effective Use and Re- Use. http://www. cs. cornell. edu/naomi/DC2003/dushay_hillmann_draft. pdf(2022- 10-11).

EILBECK K, LEWIS S E, MUNGALL C J, et al. 2005. The Sequence Ontology: a tool for the unification of genome annotations ［J］. Genome biology, 6 (5): 1-12.

GUARDIA G D, VêNCIO R Z, DE FARIAS C R. 2012. A UML profile for the OBO relation ontology ［J］. BMC Genomics, 13 (5): 1-19.

GULER I, NERKAR A. 2012. The impact of global and local cohesion on innovation in the pharmaceutical industry ［J］. Strategic Management Journal, 33 (5): 535-549.

HIGGINS S. 2008. The DCC Curation Lifecycle Model ［J］. International Journal of Digital Curation, (1): 134-140.

JAISWAL P, AVRAHAM S, ILICK, et al. 2005. Plant Ontology (PO): A controlled vocabulary of plant structures and growth stages ［J］. Comparative and functional genomics, 6 (7-8): 388-397.

KEDIA P, CASTA M, PARKINSON M, et al. 2017. Simple, fast, and safe manual memory management ［J］. ACM SIGPLAN Notices. 52 (6): 233-247.

LEE Y W, STRONG D M, KAHN B K, et al. 2003. Aimq: A methodology for information quality assessment ［J］. Information & Management, 40 (2): 133-146.

LI J, SUN A X, HAN J L, et al. 2022. A survey on deep learningfor named entity recognition ［J］. IEEE Transactions on Knowledge and Data Engineering, 34 (1): 50-70.

MCCOUCH S, BAUTE G J, BRADEEN J, et al. 2013. Agriculture: feeding the future ［J］. Nature, 499 (7456): 23-24.

Meredith S. 2018. Pew: Parents love the library ［EB/OL］. https://www. libraryjournal. com/? detailStory=pew-parents-love-the-library［2018-12-17］.

MICHENER W K, JONES M B. 2012. Ecoinformatics: Supporting ecology as a data intensive science ［J］. Trends in Ecology & Evolution, 27 (2): 85-93.

MISRA B B, FAHRMANN J F, GRAPOV D. 2017. Review of emerging metabolomic tools and resources: 2015 – 2016 ［J］. Electrophoresis, 38 (1): 2257-2274.

O' REILLY P F, HOGGART C J, POMYEN Y, et al. 2012. MultiPhen: joint model of multiple phenotypes can increase discovery in GWAS ［J］. PloS One, 7 (5): e34861.

QI Y, WU J. 1996. Effect of changing spatial resolution on the results of landscape pattern analysis using spatial autocorrelation indices ［J］. Landscape Ecology, 11:

39-49.

SINGER J, KOVOOR G, BROWN G, et al. 2011. Garbage collection auto-tuning for Java mapreduce on multi-cores [J]. ACM SIGPLAN Notices, 46 (11): 109-118.

SPINDEL J, BEGUM H, AKDEMIR D, et al. 2016. Genome-wide prediction models that incorporate de novo GWAS are a powerful new tool for tropical rice improvement [J]. Heredity, 116 (4): 395-408.

TARDIEU F, CABRERA B L, PRIDMORE T, et al. 2017. Plant phenomics, from sensors to knowledge [J]. Current Biology, 27 (15): R770-R783.

WANG J, YANG N. 2019. Dynamics of collaboration network community and exploratory innovation: The moderation of knowledge networks [J]. Scientometrics, 121 (2): 1067-1084.

WANG R Y. 1998. A Product perspective on total data quality mana-gement [J]. Communications of the ACM, 41 (2): 58-65.

WARD J. 2003. A Quantitative Analysis of Dublin Core Metadata Element Set (DCMES) Usage in Data Providers Registered with the Open Archives Initiative. http://foar. net/research/mp/Jewel_WardMPaper-November2002. pdf (2022-10-11).

XU L, LI J, ZHOU X. 2019. Exploring new knowledge through research collaboration: The moderation of the global and local cohesion of knowledge networks [J]. Journal of Technology Transfer, 44 (3): 822-849.

YU Y, LEI T Y, ZHANG W H, et al. 2016. Performance Analysis and Optimization of Full Garbage Collection in Memory-hungry Environments [J]. ACM SIGPLAN Notices, 51 (7): 123-130.

YU Z. 2015. Methodologies for Cross-Domain Data Fusion: An Overview [J]. IEEE Transactions on Big Data, 1 (1): 16-34.